中国蜜蜂资源与利用丛书

机械化养蜂技术

The Mechanized Beekeeping Industry

李建科　著

中原农民出版社

·郑州·

图书在版编目（CIP）数据

机械化养蜂技术 / 李建科著 . —郑州：中原农民出版社，2018.9

（中国蜜蜂资源与利用丛书）

ISBN 978-7-5542-1904-1

Ⅰ . ①机… Ⅱ . ①李… Ⅲ . ①养蜂 – 农业机械化 Ⅳ . ① S89

中国版本图书馆 CIP 数据核字（2018）第 191976 号

机械化养蜂技术

出 版 人	刘宏伟
总 编 审	汪大凯

策划编辑	朱相师
责任编辑	张云峰
责任校对	赵林青
装帧设计	薛 莲

出版发行　中原出版传媒集团　中原农民出版社

（郑州市经五路66号　邮编：450002）

电　　话	0371-65788655
制　　作	河南海燕彩色制作有限公司
印　　刷	北京汇林印务有限公司
开　　本	710mm×1010mm　1/16
印　　张	9.25
字　　数	101千字
版　　次	2018年12月第1版
印　　次	2018年12月第1次印刷

书　　号	978-7-5542-1904-1
定　　价	68.00元

中国蜜蜂资源与利用丛书
编委会

本书作者

李建科

前　言
Introduction

　　养蜂业是现代农业重要组成部分，蜜蜂授粉不仅提高了农产品的产量和品质，而且是广大蜂农脱贫致富的重要途径。我国目前饲养 900 多万群蜜蜂，蜂群数量和蜂蜜、蜂王浆、蜂花粉等蜂产品生产量居世界第一，养蜂直接收入带动一大批农业人口摆脱贫困走上小康道路，养蜂业为我国经济发展做出了重要贡献。随着养蜂规模化水平的不断提高，蜂业现代化和机械化成为其可持续发展的必然趋势。由于我国和西方发达国家养蜂业存在差异，我们必须研发适合我国国情和经济发展水平的蜂业机械化设备。蜂业现代化是个系统工程，包括生产现代化和管理现代化。生产现代化的核心是机械化，它包括蜂群转运机械化（养蜂车机械化）、脱蜂机械化、割蜜盖机械化、摇蜜机械化、蜂王浆生产机械化和蜂螨防治机械化等。其最终目的是提高劳动效率，降低劳动强度，提高产品质量，提高蜂农收益水平。近十几年以来，我国的蜂业机械化取得一定发展，一些蜂农根据生产实际研发了一些机械化蜂机具，如放蜂车等。虽然研发水平还有待进一步提高，但一些起步早的蜂农已从中获得巨大收益。一个能饲养 240

群的放蜂车，年收益在 20 万元以上。国家对蜂业机械化的认识和重视也在不断提高，部分省市实现了对蜂农进行蜂机具补贴，养蜂业正在向现代化和机械化方向快速发展。本书针对蜂业产业链的重要生产环节的机械化问题进行了系统论述，面向我国蜂业发展的实际状况，对近年来我国蜂机具的发展进行了详细介绍，同时也对国外蜂机具发展状况进行了介绍，以期对我国蜂业的机械化发展有所启迪和帮助。

本书的编写得到国家现代蜂产业技术体系（CARS-44-KXJ14）和中国农业科学院科技创新工程项目（CAAS-ASTIP-2015-IAR)的大力支持。

本书观点仅一家之言，错误之处在所难免，敬请广大读者批评指正。

著者

2018 年 7 月

目　录
Contents

专题一
我国养蜂业与机械化发展现状

我国具有 907 万群蜜蜂，年产蜂蜜约 40 万吨，蜂王浆 4 000 多吨，蜂花粉 4 000 多吨、蜂蜡 5 000 多吨。我国是世界第一养蜂大国，蜂业不仅对我国农业具有重大贡献，而且也对世界蜂业具有一定影响。作为头号养蜂大国，我们必须充分认识我国蜂业的发展现状和存在问题，这样才能找准位置，谋划发展。本专题就我国养蜂技术现状、养蜂机械化现状、养蜂机械化存在问题和发展策略进行了论述，以期对我国蜂业有较为客观的、全面的认识。

一、我国养蜂技术现状

随着农业现代化进程的推进，现代化养蜂已成为促进蜂业发展的必由之路。蜂业现代化是个系统工程，包括生产现代化和管理现代化。生产现代化的核心是机械化，它包括蜂群转运机械化（养蜂车机械化）、脱蜂机械化、割蜜盖机械化、摇蜜机械化、蜂王浆生产机械化和蜂螨防治机械化等。

我国是世界上最大的发展中国家，2016 年农业人口占总人口的 50.62%，而发达国家的农业人口大多在 5% ~ 6%，如美国、德国等许多发达国家不到 2%，发达国家的 GDP 是人均 1 万美元，2016 年我国的人均 GDP 是 8 866 美元，尽管我国的经济总量居世界第二，但相对富裕程度与发达国家还有很大差距。国情和经济发展状态的差异决定了我国和发达国家养蜂业存在本质差异。我国养蜂业的主要目的是从蜜蜂上获取最多的蜂产品，实现经济效益最大化，提高养蜂人员的经济水平和生活水平。另一方面，我国的蜜源资源与发达国家差别很大，随着城市化进程的加快，可利用资源正在逐渐减少。2016 年我国蜂群总数超过 900 万群，较 10 年前增加 200 多万群。我国养蜂以中小规模的蜂场居多，少则几十群，多则三四百群，目前仅有新疆一专业户饲养 1 万群蜜蜂。与此相反，发达国家从事养蜂业的人员数量和蜂群数量与我国有很大差距。发达国家 80% ~ 90% 养蜂人是业余爱好，饲养几群到几十群不等，其主要目的是保护蜜蜂和生产自己食用的蜜蜂。只有 10% ~ 20% 的人是职业养蜂，他们以饲养蜜蜂为生，少则饲养几百群，多则饲养上千甚至上万群，但蜂群数量占美国蜂群总数的 80% 以上。国情的差异决定了我国必须研发适合本国生产和文化特点的蜂业机械化设备，国外的机械化养蜂技术要先消化吸收，然后再利用，生搬硬套未必适应我国蜂业生产国情。

延伸阅读 〉

自古以来蜜蜂在人民生活和农业生产中发挥着举足轻重的作用。蜜蜂不但为人类提供蜂王浆、蜂花粉、蜂蜜、蜂胶等天然功能食品，而且在维持生态平衡和提高作物产量方面具有不可替代的作用。

众所周知蜜蜂全身皆为宝，除了大众熟知的蜂蜜、蜂王浆、蜂花粉和蜂胶外，蜂毒、蜂粮、巢脾、蜂蜡、雄蜂蛹、蜂王胎也具有重要的营养价值和药用价值。蜂产品除了具有很好的营养价值外，现代科学证明还含有大量的具有功能活性成分，如蜂王浆中的 10 - 羟基 - 2 - 癸烯酸（10-HDA）具抗癌功能，胰岛素样肽可治疗糖尿病；蜂花粉是男性前列腺疾病的克星，也可软化血管改善微循环；蜂胶在治疗血液"三高"症方面有独特疗效。除此之外，蜂王浆也具有延年益寿的功效，日本是世界上消费蜂王浆最多的国家，占我国出口量的 2/3。2016 年联合国卫生组织数据表明，全球平均寿命 71.4 岁，日本人的平均寿命达 83.7 岁，居世界第一；我国人均寿命 76.1 岁，居第 99 位。除了医疗水平外，蜂王浆对日本的人均寿命延长应具有一定作用。在自然进化过程中，植物开花时分泌的花粉和花蜜吸引蜜蜂采集，同时蜜蜂在采集过程中完成了对植物的授粉，从而提高作物的产量和质量。研究证明，农作物经蜜蜂授粉后产量可提高 30%～100%。2009 年法国科学家对全球 100 种人类直接食用作物授粉产生的经济价值进行了评估，发现蜜蜂等昆虫为全球农作物授粉而增产的价值达 1 530 亿欧元，相当于 2005 年全球人类食用农产品价值（约为 16 180 亿欧元）的 9.5%，并且美国市场上经蜜蜂授粉的蔬菜和水果更受消费者欢迎。我国专家 2006～2008 年对 36 种主要作物通过蜜蜂授粉进行产值评估，授粉年均价值达 3 042.2 亿元，是中国蜂业蜂产品总产值的 76 倍，占我国农业总产值的 12.3%。

蜜蜂在生态链有重要作用，而且蜜蜂作为模式生物来研究人类的健康问题逐渐得到国内外政府和科学家的关注。2006 年 *Nature* 杂志在发表蜜蜂基因组序列测序完成的报告中说"没有蜜蜂和蜜蜂的授粉，整个生态系统就要崩溃"。

在我国，养蜂业已成为农民致富的一项重要经济来源。以一个蜂农饲养 150 箱蜜蜂计算，采取转地饲养的模式，年均收入可在 10 万元以上。新疆一专业户，目前饲养 1 万群蜜蜂，仅年产值就在 2 000 万元以上，他儿子大学毕业从事警察工作，多年后也放弃了工作，和妻子一起从事养蜂。由此可见，养蜂业在提高农民收入和生活水平方面能够发挥巨大的作用，而且发展养蜂业既不占耕地，也不会产生环境污染，是真正的"绿色"经济。

随着生态农业建设和全面建成小康社会进程的推进，养蜂业已成为农民致富和生态农业发展的重要途径，养蜂业现代化高效生产越来越显现其重要作用。现代化养蜂业能提高劳动效率，降低劳动强度，提高产品质量，最终实现蜂农收益水平提高，以及我国蜂业整体形象和国际地位的提高。蜂业现代化高效生产是个系统工程，包括饲养管理现代化和生产现代化。

二、我国养蜂机械化现状

自1911年的清末秀才张品南引进标准式蜂箱及蜜蜂活框饲养技术以来，虽然养蜂业的规模、条件等发生了巨大变化，但是蜜蜂饲养方式变化或发展不是很大，依然秉承着百年来的活框饲养传统方式，在饲养操作、生产机具等方面发展尤为缓慢。当前的养蜂生产依然基本靠手工或半手工操作，养蜂人劳动强度大，生产条件差，经济效益低，进而直接影响着养蜂积极性与养蜂业发展（图1-1）。具体表现在人工抖蜂、摇蜜和人挑肩扛装卸蜂箱等。

图1-1　我国目前养蜂现状（李建科　摄）

标准式蜂箱及蜜蜂活框饲养技术的引进与推广，开创了我国科学养蜂新纪元。从此，我国进入灵巧活便的科学饲养期。这一进步的重要标志就是采用了标准蜂箱、活框饲养技术，与之配套的还有摇蜜机、启刮刀、蜂扫、蜂帽、喷烟器等专用蜂机具。这些蜂机具对蜂业发展做出了巨大贡献。

蜂机具的发展进步主要体现在某些生产环节的小机具创新和原材料的代替、更换等方面，其中也有些发明创造。例如巢、继箱连接，原来都是用木板或竹条、钉子相连接，既麻烦又费力费时，十几年前养蜂人发明了"蜂箱连接器"，上下挂件一扣，就解决了蜂群转运中的一大难题，既方便又省事。各种蜂机具制作材料大都发生了变化，例如摇蜜机、启刮刀等由生铁换成了不锈钢，部分隔王板、巢础、王台条等，由竹木或蜂蜡材料，换成了塑料制品。发展或进步最快的当属蜂王浆生产机具，在20世纪60年代前，养蜂人几乎不生产蜂王浆，故也没有蜂王浆机具一说，直到七八十年代蜂王浆被大量开发生产，蜂王浆专业生产机具也就随之面市。原来养蜂人挖蜂王浆多用小号画笔，后来改用"王浆铲"，近年来自动取浆机和移虫机也相继出现并投入生产。近十年来随着规模化水平的不断提高，先是蜂农自主改装汽车在车上养蜂，后来一些汽车厂家相继投入研发养蜂车，但总体水平还需要进一步提高。

三、我国养蜂机械化存在的问题

任何产业的发展进步都与技术设备的发明、推广密切相关，我国蜂业机械化发展缓慢的原因有很多。一方面，在思想认识上没有重视，无论从政府管理部门，还是养蜂科技人员和养蜂人本身，对实现养蜂机械化重视不够、认识不足，未从思想深处理解和认识到实现机械化对养蜂现代化的重要贡献。尽管最近几年部分省市一直呼吁对蜂农进行农机补贴，资助购买养蜂车等设备，全国整体覆盖面积很小，仅在山东出台蜂农补贴政策，其他地方还未见行动。另一方面，我国蜂农的自主创新意识未能跟上，依赖思想严重。以德国为例，每个养蜂人的蜂箱和工具都不一样，都喜欢自主研发与众不同的蜂机具。尽管德国有标准蜂箱，但很少有人使用。由于德国和美国一样，业余养蜂的占绝大多数，他们养蜂的目的不是为了生存，而是为了娱乐和保护蜜蜂。虽然形态各异的蜂机具无法实现标准化生产，但反映了发达国家养蜂人的创新意识。因此，养蜂人本身也要发挥主观能动性和创造力，研发适合我国国情的高效蜂机具。

迄今为止，我国尽管一直在提倡标准化、规模化、产业化、组织化、现代化养蜂，却从没把养蜂机械化提上议程。《全国养蜂业"十二五"发展规划》是我国今后蜂业发展的行动大纲，该文件系统总结了我国的养蜂成就、存在问题、发展潜力等多方面，也提出了指导思想、基本原则和发展目标，却唯独没有机械化。而实行养蜂机械化是实现养蜂标准化、规模化、产业化、组织化、现代化的根本出路，没有养蜂的机械化就没有养蜂的现代化，就难以实现养蜂规模化和高效益。因为，没有养蜂机械化，养蜂人就得靠手工操作，不仅劳动强度大，而且经济效益低，还得吃苦受累，从而严重影响着养蜂的积极性，进而导致后继乏人，直接影响养蜂业的健康发展。

四、养蜂机械化发展策略

（一）加速推进养蜂机械化，提高生产效率，减轻劳动强度

随着社会和经济的不断发展，我国蜜蜂饲养方式及蜂机具也获得一定进步和发展，但与农业、畜牧业等其他行业相比，特别是在高科技快速发展的背景下，我国养蜂业的技术进步还相对滞后。如养蜂车的研发和使用等，还处在刚刚起步阶段，养蜂车的使用还十分有限，功能还有许多地方要进一步改进。养蜂业虽然说起来是甜蜜事业，但养蜂人风餐露宿，生活条件十分艰苦，现在青年人都不愿意从事这个行业，因此从业人员基本都是中老年人，很多农村青年人即使打工收入低也不愿意养蜂，其根本原因是养蜂业机械化程度低，劳动强度大，生活条件艰苦。因此，加速实现养蜂机械化是实现养蜂业可持续发展的根本出路。

（二）加大养蜂机械化水平的扶持力度，加强蜂机具研发与示范推广

长期以来，我国养蜂机具发展缓慢，除了蜂农创新意识有待加强外，财政扶持及科研投入不足是主要原因。管理部门对养蜂业的认识不到位，大多管理部门只知道养蜂人采蜜可以补给经济收入，但还没有充分认识到养蜂对农业增产和环境保护的贡献。因此，在相应政策资助方面还有很大缺口，更谈不上对蜂机具的政策和资金倾斜。目前仅有山东出台了蜂机具的补贴政策，主要是全国人大代表宋心仿做了大量工作。由于缺乏相应政

策和资金资助，很难形成大的技术变革，也缺乏稳定的科研队伍搞创新研究。我国目前养蜂机具的一些小革新，大多是养蜂人或相关企业在实践中自行探索并制作出来的。长期以来蜂业科研经费政府投入缺口很大，因此建议加大相应的财政投入。相关企业、科技人员应紧密围绕养蜂生产实际和需要，加大养蜂新机具的研发，制造出更多更好的蜜蜂饲养、生产新机具，进一步加快示范与推广进程，逐步提高养蜂机械化水平。

（三）蜂业管理和从业人员应提高创新意识

蜂业的发展需要不断创新，比如饲养技术创新、蜂种创新（培育抗螨、抗病蜂种）和蜂机具创新等。因此，蜂业管理和从业人员应充分认识面临的问题，树立紧迫感和责任感，积极应对挑战，奋力解除困难，走机械化、产业化之路，树立创新精神，增强危机意识，加速推进机械化养蜂工作，尽快使养蜂业走出困境。

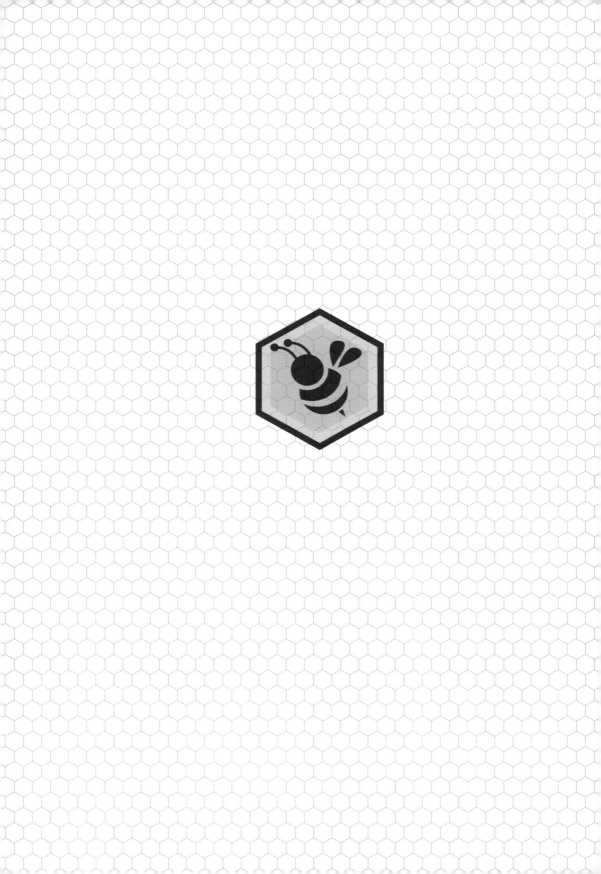

专题二
养蜂车机械化

养蜂生产中蜂群转运是体力劳动最强的环节，由于蜜蜂具有生命和蜇人的特点，因此运输蜜蜂和其他东西有很大差别。养蜂车机械化是推动养蜂业发展的关键因素。本专题针对我国养蜂车的发展历史、使用养蜂车的意义、我国目前使用的养蜂车、养蜂车发展存在的瓶颈和国外养蜂车发展等进行了论述。

一、养蜂车发展历史

养蜂车早在30多年前就出现在我国汽车产品公告管理目录上，但是长期以来一直没有汽车厂家开发生产该产品。其主要原因是：首先，以前我国的汽车经营管理实行养路费管理，养蜂户用车每年行驶的里程较少（不到10000千米），蜂农的使用成本较高；其次国家对养蜂业重视程度不够、缺乏相应的政策支持，养蜂车对蜂农的吸引力不够；再次是养蜂户的规模小，经济效益不佳，经济承受能力较差。

随着国家对农业的逐步重视，近几年国家宏观政策发生了改变，促进了养蜂车使用时机的到来。其主要表现在：首先，国家取消了汽车养路费，降低了养蜂户的用车成本；其次，国家对运输蜜蜂的车辆实行走鲜活农产品绿色通道管理，全国范围内养蜂车免收高速通行费，降低了用户的用车成本；其三，国家开始关注到蜜蜂对农业的增产、增收作用，加大了对养蜂业的政策扶持，如：倡导成立养蜂合作社，支持养蜂业做大做强，对蜂农购买养蜂车进行农机补贴等；其四，最关键的是越来越多的养蜂户养蜂规模逐渐扩大，经济状况有了改善，蜂农使用养蜂车的经济效益逐步体现出来。例如：一转地示范户，夫妻两人养了220群蜜蜂，于2012年4月购买了一台养蜂车，当年购车后从湖北一路北上路经河南、河北、内蒙古、新疆，一年下来行程近10000千米，当年净收入近30万元。目前使用养蜂车养蜂的蜂农越来越多，因养蜂走上富裕道路的人也越来越多。目前新型养蜂车有 6.8 米（22 万元）和 9.6 米（32 万元）两种车型，分别可饲养 180 群和 240 群，这是我国目前一个典型专业养蜂户的规模，年产值分别是 40 万元和 50 万元左右，非常适合我国蜂业目前的发展水平，也是我国目前最先进的机械化养蜂方式。

二、使用养蜂车的意义

（一）养蜂车可以大幅降低养蜂人的劳动强度

养蜂车是在车上养蜂，避免了大批量蜂箱装卸，降低了蜂农劳动强度，解放劳动力，省时省力；养蜂车可以大大降低蜂农的运输、装卸费用，降低蜂农的成本开支。蜂农租车运蜂费用会比养蜂车费用高出 1 倍多。养蜂车省去了人工装卸费，运费也大大降低（养蜂车只有车辆燃油和折旧费用）。

养蜂车的使用加快了蜂农的转场速度，进而提高了生产效率。使用养蜂车缩短了找车、等车的时间，蜂箱长期固定在车上，可以随时快速转场。使用养蜂车的蜂农每年较租用车可多赶 4~5 个蜜源，收益大大提高。一个蜂体系中已转地的示范户 2012 年底购买了一台养蜂车，2013 年 5 月底就比别的养蜂户多赶了 4 个洋槐蜜，洋槐流蜜期结束时已经收入 20 多万元。他说，养蜂车特别适用于采洋槐、油菜这些花期不长的花蜜。

养蜂车的优点

第一，养蜂车以房车设计为理念，生活空间可以配备电视、小冰柜、空调等生活设施，可以彻底改变蜂农的生活品质。

第二，养蜂车可以灵活机动适时转地。蜂农使用养蜂车在转场时白天可以随时停车放蜂，避免蜜蜂在运输过程中丢失。租车运蜂日夜赶路，白天运输老蜂飞散多，损耗蜂群整体实力。同时遇到蜜源地喷洒农药的情况，可以快速地转场，避免蜜蜂死亡造成的损失。

第三，养蜂车是在车上养蜂，运输到场后蜂箱位置保持不动，蜂群不需要熟悉环境，马上可以去采蜜。租车托运到场地后蜂箱摆放位置发生变化，蜂群需要试飞熟悉环境，到达场地后第一天采蜜易受到影响。

第四，养蜂车蜂箱四层叠放占地面积小，放养场地容易找，停放方便。

第五，养蜂车是现代化的养蜂方式，有较好的养蜂收益，会吸引越来越多的年轻人从事养蜂行业，可以缓解和改变中国目前养蜂老龄化的现状。

（二）功能合理的养蜂车对促进农业发展具有重大意义

功能合理的养蜂车有助于蜜蜂的快速转场放养，不但提高了蜂农的经济效益，促进养蜂业的繁荣，而且可以使更多的农作物得到蜜蜂的授粉，这样就可以充分发挥蜜蜂"月下老人"的作用，具有重大的社会意义。

蜜蜂对人类的贡献远不止于提供的蜂蜜、蜂王浆、花粉、蜂胶等这些蜂产品。蜜蜂授粉使农作物增产带来的经济效益是所生产蜂产品效益的100倍以上。蜜蜂授粉每年可为人类提供约1530亿欧元（约15 000亿元）的食物，占世界粮食总产量的9%。人类每吃3口食物就有1口与蜜蜂授粉相关。水果、蔬菜和作物种子的87%依靠蜜蜂授粉。我国新疆至今还在对到新疆为棉花和向日葵授粉的蜜蜂进行授粉补贴，由此可见，蜜蜂授粉的社会效益远大于其实际经济效益。

（三）养蜂车可以提高养蜂业的规模化、规范化水平，便于规范化管理和保障蜂产品质量

由于目前我国的养蜂户规模小、饲养户分散、管理无序、生产作业不规范、蜂产品收购价低，不但挫伤了蜂农的养蜂积极性，而且使我国的蜂产品在国际市场上质量信誉较低，价格没有竞争力，严重影响了中国养蜂业的健康发展。

鉴于中国养蜂业目前这种情况，行业主管部门及行业协会从行业健康发展的角度出发，倡导行业自律，提出了中国养蜂业要向现代化、规模化、规范化发展的理念。而养蜂车可帮助养蜂合作社、蜂产品企业对养蜂户实行现代化、规模化、规范化运作管理，便于实施"养蜂户＋基地"的生产管理模式，从而保障了蜂产品公司的原材料质量。如：广西梧州甜蜜家蜂业有限公司率先在全国尝试使用养蜂车，目前已拥有十几台养蜂车。组建自己公司的养蜂车车队，规范自己养蜂队伍生产作业操作，从而保障了其企业用原材料的质量，保障了其公司的产品品质，其优质的原材料生产出

的优质产品，赢得了国内的高端客户及欧美客户的好评。

（四）养蜂车可以改变传统的农业产业观念

养蜂车的使用可以提高养蜂业的生产规模，使其形成一个大的产业，从而改变传统的农业、养殖业的思维模式，使人们认识到养蜂业也可以作为一个发扬光大的大产业。

现在全国都允许土地流转，对于富余劳动力寻找一个较好的出路一直是一个令各级政府头疼的社会问题。政府的行业主管部门可以通过养蜂技术培训、对养蜂车补贴等政策，鼓励农村富余劳动力特别是年轻人从事到这个行业中，通过蜜蜂向大自然要产品，向地球要效益，进一步将养蜂业做大做强。例如，山东泰安一养蜂户，用两辆养蜂车养蜂 4 年，年收入 100 万元左右。

三、我国目前使用的养蜂车

近年来随着市场对养蜂车需求的不断增加，相继出现了蜂农自行改装的养蜂车，也就是在普通卡车上装上蜂箱固定支架，然后把蜜蜂放到车上饲养。但是蜂农自行改装的汽车在安全性和年检上会遇到很多问题。

蜂农自己改装的车辆，由于采用旧车底盘或采用质量较差的底盘改装，存在许多安全风险及质量隐患。例如：一养蜂户由于采用了一个质量较差的旧底盘改装养蜂车，连续出现了爆胎、方向失灵、灯光失效等涉及安全的质量隐患，最后不得不放弃使用。

由于蜂农个人的改装技术、生产条件有限，养蜂车可以实现的许多功能没有开发出来。在河北邯郸一养蜂户，兄弟二人利用旧车改装了一台养蜂车，他们的车仅仅是一个运蜂车，许多操作功能诸如升降操作平台、蜂箱捆绑、生活设施设置等功能都没有被开发出来。

针对生产中出现的问题，郑州康杰蜂业科技有限公司联合中国农业科学院蜜蜂研究所、五征汽车集团，相继研发了功能合理、质量可靠的养蜂车。

一方面，选用解放、东风、欧曼等汽车的底盘，质量可靠、服务网络健全，免除了蜂农用车的后顾之忧。

另一方面，在设计中充分考虑养蜂生产的需求，装置了太阳能发电系统、生活用水箱、蜜蜂起落板，充分利用车上的空间装置了大的工具箱，装置了手动或自动工作平台，方便蜂农检查蜜蜂或摇蜜作业等。还可以根据用户需求装置带房子的车型，提高蜂农的生活品质（图2-1、图2-2）。

图2-1　新型养蜂车外观（李建科　摄）

图 2-2　养蜂车车上工作情况（李建科　摄）

以解放牌汽车底盘改装为例，发动机动力强劲，全车钢丝胎，养蜂区货箱长 6.8 米，可以装 112 箱，配置有太阳能供电系统（图 2-3）、蜜蜂起落板（图 2-4）、便于各层蜂群检查和管理的工作平台（图 2-5）、蜂箱自动固定捆绑装置（图 2-6）、便于人员上下及装卸蜂箱和货物的尾部翘板（图 2-7）、可供野外 5~7 天生活用水的生活水箱（图 2-8）、车厢下部工具箱（图 2-9）和车厢上部工具箱（图 2-10）、太阳能发电蓄电装置（图 2-11）等。

图 2-3　养蜂车载太阳能供电系统（李建科　摄）

图2-4 蜜蜂起落板（李建科 摄）

图2-5 车上养蜂工作平台（李建科 摄）

图2-6 蜂箱自动固定捆绑装置（李建科 摄）

图 2-7　车辆尾部翘板（李建科　摄）

图 2-8　生活水箱（李建科　摄）

图 2-9　车辆下部工具箱（李建科　摄）

图 2-10　车厢上部工具箱（李建科　摄）

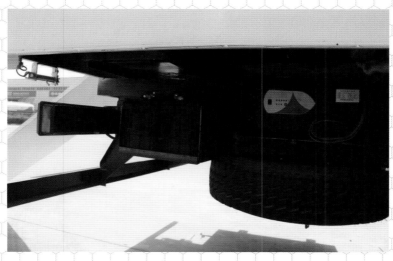

图 2-11　太阳能发电蓄电装置（李建科　摄）

为了提高养蜂人员的生活质量和保证蜂王浆的新鲜度，近年来相继研发了形状各异的车载电冰箱（图 2-12）。这些小型车载冰箱可以利用太阳能供电系统为冰箱供电，大大提高了蜂农的生活质量，并且保证了需要低温保存的蜂产品的售前质量。

图 2-12　车载电冰箱（李建科　摄）

　　除了上述养蜂车以外，近年来我国也出现了在汽车尾部安装自动装卸平台，用于蜂箱和相关蜂具的装卸，这种装卸装置在准备装车时自动升降平台可放到地面（约 20 秒可降到地面）。动力为液压，由车上电瓶控制机械系统（图 2-13），起重 1.5 吨的平台一次可装 12 个继箱。

图 2-13　汽车尾部自动升降装卸平台（李建科　摄）

为了改善养蜂人的生活质量，一些养蜂车在车厢前部还设计了卧室，可供生活起居，避免风餐露宿（图 2-14）。

图 2-14　养蜂车前部配备生活间

由于在车上养蜂操作有诸多不便，尤其是年龄大的养蜂人在车上操作更不方便。因此蜂农对能机械化装卸把蜜蜂放在地面上的要求越来越高。随着养蜂车的发展，目前我国有蜂农自行改装的吊臂机械化装卸养蜂车，如新疆一蜂场，饲养 1 万群蜜蜂，所有装卸目前已实现机械化，年产值在 2 000 万元以上（图 2-15）。但自行改装的问题是年检会遇到麻烦，因此，中国农业科学院蜜蜂研究所与中国重汽集团联合开发了机械化吊臂装卸养蜂车（图 2-16）。该车发动机底盘采用德国 Man 公司核心技术，主要有直径 15 米的可伸缩吊臂、蜂箱托盘、储蜜罐和储水箱。15 米直径吊臂可自由把蜂箱卸载到四周，吊臂工作重量 500~3 000 千克，养蜂员可以在车厢与驾驶室中间的平台上操作吊臂。蜂箱托盘可把蜂箱固定在上面，每组 10 箱，一个 200 箱蜂场 1 小时就可以装卸完毕。车厢下部空间有 2 个可以分别装 1

吨蜂蜜的不锈钢罐（食品级），同时也可以装生活用水，一个罐盛水量可供3人使用一周。另外还配备2个大型储物箱，可以容纳一些生活和生产用具。采用车载吊臂较单独设计吊车更经济，因为车载吊臂可利用汽车的动力和轮胎，如果单独用吊车需要独立的动力系统和轮胎等，较车载吊臂增加约5万元费用。新养蜂车已于2016年12月1号取得批文，是合法养蜂车。造价依据车型大小差异很大，如9.6米装240箱蜜蜂，大约38万元。

A 新疆1万群蜂场的机械化装卸蜂群及养蜂车吊臂（梁朝友　摄）

B 养蜂车（李建科　摄）

图2-15　机械化吊臂养蜂车

A 吊臂操作平台

B 储物箱、储蜜罐

图 2-16　中国重汽机械化吊臂养蜂车（李建科　摄）

四、养蜂车发展存在的瓶颈

（一）养蜂车迄今没有国家购机补贴

尽管少数地方正在试图开展蜂机具补贴，但购置养蜂车需要养蜂户投入大量的生产资金，目前没有国家的购买养蜂车补贴，蜂农很难承受这么多的资金投入。

（二）目前中国蜂农的老龄化现象严重

绝大多数的蜂农年龄较大，不能驾驶或没有驾驶证。必须通过国家的有效政策支持发展养蜂车，吸引更多的年轻人从事养蜂业。

（三）养蜂车的研发企业缺乏必要的资金支持，阻碍了养蜂车的发展

养蜂车开发企业开发一款完全适合蜂农要求的产品需要大量的资金投入。目前国家或政府没有这方面的资金支持，很多企业难于承担其高额的投入开发，影响了养蜂车的发展。

（四）养蜂车享受免高速通行费的政策在某些地区落实不到位

按照国家规定，养蜂车属于蜂农自用、非营运车辆，运输的蜜蜂属于鲜活农产品走绿色通道，可免除高速通行费，而有些省份却以各种理由和借口拒不执行该政策，挫伤了蜂农的购车积极性。

五、国外养蜂车发展

发达国家养蜂业与我国养蜂业存在本质差异，由于我国人口总数和农业人口与发达国家的巨大差异，尤其是我国还是发展中国家，国民收入水平还相对较低，大多养蜂人员还是通过养蜂发展家庭经济。我国目前养蜂发展水平正是发达国家一个世纪以前所经历的。德国早在20世纪30年代就采用类似我国目前的养蜂车（图2-17），但随着工业化进程的推进和经济的发展，这种车在德国被淘汰。而罗马尼亚养蜂车与我国的基本类似，

但设计明显较我国目前的养蜂车考究，体现了很多蜜蜂文化元素，同时车上生活设施也较好（图2-18）。如今西方发达国家养蜂大多是业余爱好，只有少数以蜜蜂为生的专业养蜂人才大规模饲养蜜蜂，进而，少则几百群，多则上千甚至上万群。如新西兰一蜂场饲养2万多群蜜蜂，他们有直升机把蜂群运到蜜源最丰富的深山区采集麦卢卡蜂蜜（图2-19）。美国的养蜂车基本都是普通的卡车，没有任何设计，蜂群装卸用铲车完成，也有少部分业余养蜂人采用类似我国的养蜂车（图2-20）。

图 2-17　德国的 20 世纪 30 年代养蜂车（李建科　摄）

图 2-18　罗马尼亚养蜂车及车内构造（李建科　摄）

图 2-19　新西兰用直升机运输蜜蜂到深山区采集麦卢卡蜂蜜（美国 Katrina 提供）

图 2-20　美国的养蜂车、装卸蜂群铲车

六、养蜂车发展的思考

养蜂车是根据养蜂业现代化需求开发出来的一个新的现代化农业机械。尽管目前养蜂车在产品设计、使用功能开发等方面还存在许多有待完善的地方，但是养蜂车在提高蜂农养蜂经济效益、降低蜂农劳动强度、改善蜂农生活工作条件上已经发挥了积极的作用。中国养蜂业要实现现代化、规模化、规范化、效益化发展，发展养蜂车是必由之路。

专题三
摇蜜机械化

　　蜂蜜是养蜂业第一大宗产品,与蜂业经济效益密切相关。我国每年生产 40 多万吨蜂蜜,大多北方蜂农主要依靠蜂蜜为主要经济来源。然而蜂蜜生产同时也是劳动密集型生产环节。本专题系统讲述了摇蜜生产过程、我国目前使用的摇蜜机和国外使用的摇蜜机,以期对摇蜜生产有所启发和帮助。

一、蜂蜜生产的蜂群管理

蜂蜜只有在主要蜜源或主要辅助蜜源大流蜜期才能生产，为了提高产量和质量，必须加强流蜜期的管理。

（一）提前培育适龄采集蜂

蜜蜂是否适龄，对蜂蜜产量影响甚大。在流蜜期拥有刚出房的大量新蜂，不但不能积极参加采蜜，还要吃掉很多蜂蜜，对流蜜时间短的蜜源，并不能提高产量。蜂群内各龄蜂组成完整时，在大流蜜期，5 日龄的工蜂就能飞出采集，但适合大量采集要到出房后 17 天，若以出房后 10 天作为开始进入适龄采集期计算，再加上发育期，培育适龄采集蜂至少要在流蜜期前 1 个月开始，直到流蜜结束前 1 个月结束，又由于 1 天培育出的新蜂数量有限，还要加 15 天积累期，所以一般要在大流蜜期前 46 天就得着手培育。如陇海线一带的刺槐如果在 5 月 5 日流蜜，开始培育新蜂的时间是 3 月 20 日。所以在第一个主要蜜源开始早的地区，往往复壮阶段就是培育适龄采集蜂的培育期，在复壮阶段出现的主要蜜源就会变成仅供繁殖的辅助蜜源，白白浪费一年一次的花期。因此，提前培育适龄采集蜂对提高蜂蜜产量非常重要。

（二）组织采蜜群

流蜜期前 10~15 天就要组织采蜜群，把要出房的封盖子、卵虫脾、花粉脾放在巢箱里，必要时再加一个空脾，子脾居中，粉脾靠边，一般巢箱放 7~8 个脾，作为繁殖区。巢箱上面放隔王栅，把蜂王隔在巢箱内产卵，隔王栅上面加空继箱，作为储蜜区，把刚封盖的子脾提上继箱。蜂群较强、蜜蜂较密厚的子脾和空脾相间排列；蜂群较弱，蜜蜂较稀的子脾集中摆放，放脾数量根据群势决定，以保持蜂脾相称或脾少于蜂为宜。比较标准的采蜜群，一般要有 14 足框蜂，3~4 足框封盖子，1~3 足框卵虫脾，这样的蜂群采集能力较强，群势也不易下降。如果未达到这个要求，可从副群、三室交尾群或特强群中抽封盖子脾补助，使新蜂出房后达到上述标准。

（三）利用杂种优势增强采集能力

蜜蜂和其他生物一样，杂种大多具有比亲代更强的优势，在生产上能增强采集能力。饲养中国意蜂的，可以引进 1~2 个美国意蜂纯种王，用它的卵或幼虫培育处女王和原场雄蜂交配，再用这样的蜂王去调换原群蜂王，争取一批换完。要求在第一批新王产卵后的 36 天内换王成功，再把剩下的原王，除留下 2 只最好的做种外，全部调换。换王 2 个月后，原蜂群变成由杂种一代工蜂组成的蜂群。第二年可以用留下的 2 只中国意蜂王做母群，移虫养王，利用原场美国意蜂群雄蜂杂交，重新育出中国意蜂和美国意蜂的杂交种，并用这种新王把全场的蜂王换完，保持较强的采集能力。

（四）调动工蜂采蜜积极性

春季温暖湿润，是粉蜜较好的花期，要防止分蜂意念产生，使群内保持有适量的卵虫脾，以保持工蜂采蜜积极性。当蜂蜜成熟后，须及时摇取，以提供储蜜的场所，也有促进蜜蜂积极出勤的作用。阳光对蜜蜂出勤有明显的刺激作用，保持蜂箱巢门朝南，对增产有利。流蜜开始时可用普通糖浆或者该蜜源的蜜水奖饲，每群蜂100克左右，拂晓进行，有促进蜜蜂提前上花的作用。流蜜期前关入王笼的蜂王至流蜜期放出，无王群在流蜜期介绍蜂王，处女王群采蜜，在大流蜜前期交尾产卵对工蜂的采集工作同样有明显的促进作用。炎夏要防止烈日暴晒蜂箱，最好有自然遮阴，或采用人工遮阴，降温增湿，避免巢门口"挂胡子"和大量蜜蜂扇风现象，减少巢内消耗，增加附脾蜂密度，提高出勤率。

（五）促进蜂蜜成熟讲究取蜜方法

强群在大流蜜期，一般一天可采进几千克到十几千克花蜜，这些花蜜要酿制成蜂蜜，一定要增加储存面积，挥发出大量水分。扩大蜂路既能加强通风，促进水分蒸发，也便于加高巢房，增加储蜜余地。此外，还可开大巢门，把纱盖上的保温草垫或覆布掀去一角，便于空气流动，降低巢内湿度，加快花蜜表面水分的挥发。在进蜜汹涌的时候，还应适当加入储蜜巢脾，以利于提高蜂蜜的产量和质量。

流蜜开始后的第一次取蜜要早，因这些蜜带有原巢的陈蜜，要单独储存，这一工作称清脾。以后再取的蜜，就属于所采蜜源的单一品种的蜂蜜，这种蜜质量高，在国际上比较受欢迎，价格也较高。取蜜时间应在蜜蜂出巢前的早晨，蜂群多工作量大，可分两个早上进行，并做到只取继箱的蜜，不取巢箱的蜜。取后蜜蜂会把巢箱的蜜移到继箱内，这样既能减少对蜂群的干扰，提高蜂蜜浓度和加快取蜜速度，又能刺激工蜂外出采蜜的积极性。

（六）正确处理采蜜和繁殖的主要矛盾

前中期蜜源的流蜜期，具有双重任务：一是本期取得高产，二是为后一个花期培养工作蜂，使后面花期继续高产，这两个任务存在矛盾，必须从提高产量出发，正确处理。若本流蜜期长达1个月以上或40天后仍有主要蜜源流蜜，而且后一蜜源比较稳产，就既要夺取这期高产，又要为下个蜜源培养适龄的工作蜂，这时只能采取繁殖和取蜜并重的做法，巢箱内放7个脾，继箱内放4~6个脾。如果本流蜜期过后40天内无主要蜜源，本期天气正常，能稳产高产的，就要加强限制蜂王产卵，巢箱放4~6个脾，或用3框隔王栅限制蜂王产卵，不调巢脾，减少子脾，增强生产的能力。

（七）采蜜期的蜂群管理

主要采蜜期的蜂群管理是保持强群，使蜂群处于积极的工作状态，把蜂群的主要力量集中在采集花蜜上，同时注意蜂群的繁殖和适时取蜜。

1. 集中力量采蜜

在主要流蜜期应尽一切可能使蜂群内的外勤蜂集中力量采集花蜜，内勤蜂酿制蜂蜜或生产王浆，使蜂群在主要流蜜期内获得蜜、浆、蜡的高产。

为减轻流蜜期蜜蜂哺育幼虫负担，在流蜜期前将蜂王控制起来，限制其产卵，到流蜜盛期把蜂王释放，有促使工蜂兴奋工作的作用。在主要流蜜期开始前的10日内，用成熟王台更换采蜜群的蜂王，即采用处女王群采蜜，可以增加流蜜期短的蜜源植物的采蜜量。但是这种方法只宜在部分蜂群实行，也不宜在秋季的晚期蜜源实行，以免气候影响处女王不能按期交配、产卵，或不能交配，造成长期失王。也可采取用空脾换出生产群的一部分幼虫群，放到副群里，从而减轻生产群的内勤负担，增加采蜜量，待幼虫脾封盖后再还给生产群，以免生产群到流蜜期后蜂群群势严重下降。

2. 注意通风和遮阴

在大流蜜期间，要做好蜂巢的通风工作，如开大巢门、扩大蜂路掀开覆布的一角等，以利花蜜中水分的蒸发，减轻蜜蜂酿蜜时的负担。在炎热的中午，要注意给蜂群遮阴，如用草帘、树枝、捆成束的青草等盖在蜂箱上，并使遮阴物向蜂箱的前面突出，尽量不使阳光照射到前壁和巢门。

3. 适时取蜜

进入流蜜期，视进蜜情况确定取蜜的时间。到了流蜜盛期，待蜂蜜酿制成熟，即蜜房封盖或呈鱼眼状才能分离，不要见蜜就取。如果巢内装满了蜜而浓度还达不到可分离的程度，可用空脾或巢础框扩大生产区，保证蜂群储蜜不受限制。取蜜时间安排在每天蜂群大量进蜜之前。有的主要蜜源是上午10点开始流蜜，在10点以前取完蜜。有些蜜源是下午大量流蜜，取蜜的时间安排在上午。蜂群多的蜂场，取蜜时间长，可将其分成2~3组，分批在早晨取蜜，这样不仅可以避免当天采进的花蜜大量混入将要取出的蜂蜜之中，保证蜂蜜的质量，而且不会影响蜂群的正常采集活动。原则上只取生产区的蜜，不取繁殖区，特别是幼虫脾上的蜜。切忌"见蜜就摇"或"一扫光摇蜜法"。为了争取时间，加快取蜜速度，整张蜜脾可先用空脾换出来。到了流蜜后期，取蜜一定要慎重，注意留足巢内饲料。

（八）单一蜂蜜的生产

所谓单一蜂蜜是指蜜蜂采集一种植物的花蜜酿造而成的蜜，常以其来源植物的名称来命名。如荔枝蜜、刺槐蜜、枣花蜜、椴树蜜、油菜蜜、荆条蜜等。只有主要蜜源植物种类单一才能够采收到单一蜂蜜。单一蜂蜜的价格较高，浅色的高质量的蜂蜜如混入深色蜂蜜就要降价出售。所以要分蜜种取蜜。

采收单一蜂蜜的方法是在一个蜜源开始流蜜时，将蜂箱内所有巢脾内的储蜜全部摇出，即清脾。此后按取蜜的方法，采收本蜜源的成熟蜂蜜，即为该蜜种的单一蜂蜜，具有该花种蜂蜜的特殊香味和颜色。采收的单一蜂蜜应单独分装，单独储存，作上标记，不与其他蜜种混杂，以保持其纯度。

二、摇蜜生产过程

摇蜜是指分离蜂群中储蜜的过程。蜂群内巢脾上的蜜房已储满，部分蜜房封盖或大部分蜜房呈鱼眼状时即可取蜜。过早取蜜，分离出来的蜂蜜水分多，营养价值低，还容易发酵。不及时把蜜取出来，又无空脾加进巢内，工蜂采回的花蜜无处存放，会影响工蜂的积极性，降低蜂蜜产量，还容易引起分蜂热，所以要及时取蜜。取蜜流程包括清扫场地和工具、脱蜂、切割蜜盖、分离等程序。

（一）清扫场地和工具

取蜜前先将蜂场及其周围环境打扫干净，特别是取蜜的场所更需清洁卫生，没有积水；消除一切污染源及苍蝇滋生地；取蜜工具摇蜜机、割蜜刀、滤蜜器，盛蜜的盆、缸、桶等都用清水洗刷干净、晾干备用。取蜜时，操作人员穿工作服、戴工作帽，保持手和衣着的清洁，防止污染蜂蜜。

（二）脱蜂

脱蜂就是把栖附在蜜脾上的蜜蜂脱除。蜜蜂数量不多时，可用抖落蜜蜂的方法脱蜂；蜜蜂数量较多时，就应采用脱蜂板、药剂或动力脱蜂。

1. 抖蜂

搬下储蜜继箱，放在倒置的箱盖上，巢箱上另加一只空继箱，里面两侧放两个空脾。从储蜜继箱里一框框地提出蜜脾，两手握紧框耳，用腕力上下抖动几下，使蜜蜂猝不及防，脱落到空继箱的中间。蜜脾上剩余的少量蜜蜂，用蜂刷扫落。抖完的蜜脾放在搬运箱内，搬到取蜜的地方。

2. 脱蜂板脱蜂

只用于生产蜂蜜或专门生产巢蜜。由于管理的蜂群多，人力又少，这样才采用脱蜂板脱蜂。按其上面安装的脱蜂器之脱蜂孔的多少分为二孔、六孔和多孔几种。脱蜂时要先搬下储蜜继箱，在其原位置放回一个带空脾的继箱，并在上面放好脱蜂板，板上放置原来的储蜜继箱，板上的储蜜继箱如有空隙，应用纸、布堵塞，防止盗蜂钻进盗蜜。脱蜂板最好在取蜜前一天的傍晚放上。多孔的约 2 小时可以脱去一个继箱蜜蜂，六孔的约 6 小时，二孔的约 12 小时。热天脱蜂板放置时间过长，蜜脾可能熔化或坠毁，须给蜂箱通风，而天气冷时蜜蜂需要较长时间才能到下面育虫箱里。所以生产上较少使用。

3. 药剂脱蜂

使用药剂脱蜂时，先要用 22 毫米厚的木板钉一个脱蜂罩。脱蜂罩外围尺寸相当于继箱的尺寸，框上钉二三层粗布，再钉上一层薄木板。使用时，把药液均匀地浸湿脱蜂罩的粗布，以药液滴不下来为宜。将储蜜继箱箱盖取下，先向里面喷一点烟，使蜜蜂活动起来，然后放上脱蜂罩，几分钟以后，蜜蜂就进入巢箱内。较好的脱蜂药剂有丙酸酐和苯甲酸。丙酸酐在应用时以等量的水稀释，在 26~38℃时效力最好，苯甲酸在 18~26℃时使用最好，石炭酸会污染蜂蜜，已禁止使用。使用时间以把蜜蜂驱逐到巢箱里为宜。放置时间过长或蜜蜂未被烟驱到下边巢箱，会造成蜜蜂麻醉。因此，使用时应注意剂量和时间。

4. 用吹风机脱蜂

采用汽油机作动力，带动鼓风扇，通过蛇形管吹出低压气流；有电源的地方，用电动吹风机也可以。取蜜时，将储蜜继箱放在吹风机的铁架上，用喷嘴顺着蜜脾的间隙吹风，将蜂吹落到蜂箱的巢门前。吹风机的效率不受气温的限制。随着蜂业产业化的形成，蜂场规模扩大，个人饲养蜂群数的增多，为了大大降低劳动强度，运用吹风机脱蜂会越来越普遍。

（三）切割蜜盖

分离蜂蜜前要切割蜜盖。割蜜盖工具有人工用割蜜刀、人工电热割蜜刀、自动切蜜盖机。普遍用的是普通割蜜刀。操作时，一手握住蜜脾的一个框耳或侧梁，蜜脾的另一个框耳或侧梁放在割蜜盖架上。一手拿着热水烫过的割蜜刀紧贴蜜盖从下向上削去。割下的蜜盖和流下的蜜汁可用干净的容器（盆）盛接起来。割完一面，再割另一面，然后送到分蜜机里分离。剩下的蜜盖放在纱网上过滤，经过一昼夜滤去蜜汁。如果蜜盖上的蜜汁滤不净，可放进强群，让蜜蜂舐食干净后取出，加热化蜡。

（四）分离

蜜脾割完蜜盖之后，最好把重量大致相同的蜜脾放进分蜜机的框笼里作一次分离。因为重量相差悬殊的蜜脾一起分离，往往会使分离机产生很大的震动。在转动摇把时应由慢到快，再由快到慢，逐渐停转，不可用力过猛或突然停转。遇到较重的新蜜脾，第一次只能分离出一面的一半蜂蜜。换面后甩净另一面，再换一次面，甩净剩下的那一半，也就是蜜脾翻转两次，以免巢脾断裂。取完蜜的空脾放回蜂巢。在分蜜机出口处安放一个双层滤器，把过滤后的蜂蜜放在大口桶内澄清，一天后，所有的蜡屑和泡沫都将会浮在上面，把上层的杂质去掉，然后将纯净的蜂蜜装入包装桶内。盛装不要过满，留有20%左右的空，以防转运蜂蜜时震动受热外溢。贴上标签，注明蜂蜜品种、毛重、皮重、采蜜日期和地点。图3-1是我国目前普遍采用的摇蜜过程。

把蜜脾从蜂群提出并脱蜂　　　　　　　　割蜜盖

摇蜜　　　　　　　　把摇蜜机内蜂蜜倒入包装桶

图 3-1　摇蜜过程（李建科　摄）

三、我国目前使用的摇蜜机

　　从蜂群中把蜂蜜摇出来是养蜂生产的重要产出环节，也是劳动强度最大的环节之一。摇蜜过程是把蜜脾从蜂群提出，然后脱蜂、割蜜盖、摇蜜和把摇蜜机内蜂蜜装入包装桶。这是我国目前普遍采用的方法，主要依靠人工劳动。这种摇蜜生产方式生产效率低、劳动强度大，小规模养蜂尚可，但远远不能适应大规模养蜂。除了生产效率低、劳动强度大以外，摇蜜机材质是蜂蜜生产过程的污染源之一，一些劣质摇蜜机用铝或铁皮制作，由于蜂蜜多呈酸性，很容易腐蚀机具，造成二次污染。

为了保证蜂蜜在摇蜜过程中不被污染，近年来摇蜜机普遍采用食品级的不锈钢和塑料桶，尽管造价要高些，但是可保证对蜂蜜不会产生二次污染（图3-2）。

图3-2 食品级不锈钢摇蜜机和塑料摇蜜机

由于传统两框手动摇蜜机生产效率低和劳动强度大，为了提高工作效率，手动摇蜜机改进采用辐射式摇蜜机，一次可摇蜜3脾以上，多达20脾，辐射式摇蜜机有手动和电动两种。近年来我国也逐渐采用电动摇蜜机（图3-3），可极大提高劳动效率。电动摇蜜机是在摇蜜机顶部或外部加上马达，省去人工劳动，效率大大提高。

图 3-3　辐射式手动摇蜜机和电动摇蜜机（李建科　摄）

近年来我国科研工作者根据我国国情研发了太阳能电动摇蜜机（图3-4），小型的一次可摇2~4张蜜脾，体积适中可随蜂场转地，太阳能获取电能储存到蓄电池里可供摇蜜机工作，定地转地饲养都很适合。我国目前中等以上规模的专业户一般饲养160~180群，如果手动摇蜜需要2天时间，而采用电动摇蜜仅用1天时间，极大降低了劳动强度。太阳能发电是我国转地养蜂者普遍采用的能源供给方式，供野外生活和生产使用，为了更好地利用太阳能为转地养蜂生产解决实际问题，一套太阳能摇蜜机能供给配套摇蜜机2天的工作能源，足以完成目前9.6米养蜂车饲养240群蜜蜂的专业户完成摇蜜工作。这套电动摇蜜机大约 1500 元，普遍被养蜂户实践认可，也是我国目前最先进的摇蜜机械。

图 3-4　太阳能电动摇蜜机（和绍禹　摄）

随着我国养蜂业的快速发展，生产成熟蜜的要求越来越高，很多企业目前直接收购封盖蜜，然后在各自加工厂摇蜜。为了满足养蜂合作社和蜂蜜加工企业生产成熟蜂蜜的需求，云南农业大学和中国农业科学院蜜蜂研究所联合研发了一种高通量扇形辐射式电动摇蜜机。它根据巢脾储存蜂蜜的特点，巧妙采用的力学原理，可将巢脾两面的蜂蜜在不用翻面的情况下就能把两面的蜂蜜一次摇出，40 框的摇蜜机 8 小时能摇蜜 6 吨（图 3-5）。

图 3-5　辐射式高通量扇形摇蜜机（和绍禹　摄）

四、国外摇蜜机概况

欧美发达国家养蜂主要分为三大类：业余爱好者（一群至几十群）、副业养蜂（200~400群）和职业养蜂（至少1000群）。业余养蜂者占养蜂总数的80%~90%，由于他们饲养数量少，仅生产自己食用的蜂蜜，加之发达国家公民创新意识强，摇蜜机的类型差异很大。对于副业养蜂者和职业养蜂者来说，由于职业养蜂的规模大，蜂蜜生产基本上都采用机械化摇蜜，但机械化摇蜜机的形式也很多。2015年笔者在澳大利亚访问时，一个饲养700群的蜂场，年产蜂蜜200多吨，每群产蜜量在250千克以上（图3-6），自己家里有一个摇蜜车间。2013年笔者在美国密歇根州立大学学习期间，当地一职业养蜂人饲养约2 000群蜜蜂，同样也在自己家里建有摇蜜车间（图3-7）。如果采用人工摇蜜体力劳动不堪设想，这个摇蜜车间把机械化割蜜盖、摇蜜于一体，3个人工作每天摇蜜至少2吨。

图3-6　澳大利亚一饲养700群蜜蜂蜂场的摇蜜车间（李建科　摄）

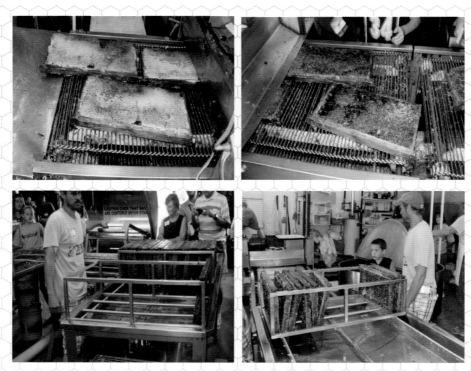

图 3-7 美国密歇根州一饲养 2000 群蜜蜂养蜂人的摇蜜车间（李建科 摄）

在欧美国家，大型养蜂场普遍采用机械化摇蜜。一般情况下割蜜盖、摇蜜和蜂蜜过滤一体化。摇蜜机少则一次能摇几十脾，多则 200 脾（图 3-8）。随着我国养蜂业的不断发展，近年来一些上千群的养蜂场不断涌现，一些养蜂大户和一些蜂蜜加工企业也逐渐引进这些摇蜜机械，这是我国养蜂业今后发展的主要方向之一。

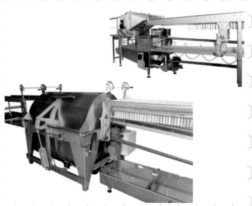

图 3-8　国外大型摇蜜机（李建科　摄）

专题四

脱蜂机械化

脱蜂是养蜂生产常用的技术，尽管其劳动强度不如其他环节大，但随着饲养规模的增加，脱蜂也逐渐成为制约生产发展的因素。本主题针对我国蜂业生产实践，论述了目前我国脱蜂技术的发展和国外脱蜂技术的发展。

　　脱蜂是取蜂蜜生产过程中的劳动密集环节之一。我国养蜂生产中传统摇蜜主要靠人工将巢脾上的蜜蜂先抖动下来，剩余的蜂刷扫干净，然后摇蜜（图4-1）。比如饲养160群的专业户，摇蜜季节取一次蜜通常需要2天，养蜂人员连续抖蜂2天经常造成胳膊肿胀。流蜜快、流蜜期短的蜜源，如油菜、刺槐，采蜜作业时养蜂人的体力劳动十分繁重。

图4-1　蜂刷（左）和人工脱蜂（右）

　　因此，研发高效脱蜂系统对减轻劳动强度、提高劳动生产效率十分重要。近年来中国农业科学院蜜蜂研究所研发的电动脱蜂机由一个小型发电机（3000瓦，47千克，约3000元）和一个吹风机组成（约200元）（图4-2），在摇蜜时脱蜂速度较人工抖蜂快1倍。饲养160群的专业蜂场，一个技术员加一个辅助人员，人工脱蜂，手动摇蜜，摇蜜需要2天。使用电动脱蜂机、电动摇蜜机1天即可完成，劳动效率提高1倍。现在也有不需要外接电源而在脱蜂机上配有小型的发动机，使用时打火启动即可，使用非常方便。

我国新疆饲养 1 万群的大型蜂场就采用这种脱蜂方法。

脱蜂前

脱蜂工作中

电动脱蜂机

燃油发动机脱蜂机

图 4-2　高效脱蜂系统（李建科　摄）

　　为了给转地放蜂提供更多的脱蜂方式选择，中国农业科学院蜜蜂研究所还研发了一种高效人工脱蜂机（图 4-3），构造简单，劳动强度大幅降低，脱蜂效果好，造价仅 500 元左右。它主要是采用一个接蜂盒，将蜂刷固定在两个可组装于接蜂盒的不锈钢板上，从蜂群里提出蜜脾后从两个蜂刷之间来回刷两下即可将蜜脾上的蜜蜂脱掉，由于落下来的蜜蜂可接到接蜂盒里，即使有蜂王的巢脾也不用担心，每个蜂群脱蜂结束后把接蜂盒的蜜蜂全部倒回蜂箱，不用担心蜂王丢失问题，是一种造价低、制作简单的高效人工脱蜂工具。

图 4-3　高效人工脱蜂机（李建科　摄）

　　机械化脱蜂是发达国家规模化养蜂普遍采用的脱蜂方式，其动力源分

为电动和燃油发动机（图 4-4）。这些吹风机在电动工具商店都可以买到。

对于生产巢蜜的养蜂场，用机械脱蜂非常高效（图 4-5）。

图 4-4　电动（左）和燃油脱蜂机（右）

图4-5 吹风机脱蜂工作（李建科 摄）

专题五

割蜜盖机械化

割蜜盖是成熟蜜生产的必须环节，技术要求高，劳动强度大，我国现阶段成熟蜜生产与发达国家比较还有很大发展空间，但随着养蜂业的不断发展和对蜂蜜质量要求的不断提高，成熟蜜生产在我国正在悄然兴起。本专题重点论述了我国和发达国家割蜜盖的技术，以期从中找出差距并迎头赶上。

　　蜜蜂在巢脾上储满蜂蜜后，要分泌蜂蜡把巢房口封住让蜂蜜成熟。通常情况下，封盖了的蜂蜜认为是成熟蜜，国外所有蜂蜜都是封盖蜜。因此，在摇蜜之前必须先将蜡盖割掉才能将巢房里的蜂蜜摇出来。割蜜盖也是一项体力劳动强度很大的工作，且需要花费很长时间，割蜜盖劳动不亚于摇蜜的劳动量。割蜜盖时养蜂人必须弯腰工作，通常工作时间久了就会腰痛。割蜜盖的方法依据养蜂规模不同差异很大，国外小规模的以人工为主，大规模的则采用机械化割蜜盖。而在我国目前基本还是人工割蜜盖。人工割蜜盖的工具很多，有割蜜刀、电热割蜜刀、蜜盖铲、蜡盖碌子等，人工割蜜盖方法一般效率较低，饲养蜜蜂数量少的可以采用。目前常用的人工割蜜盖方法有蜜盖刷割蜜盖（图5-1）。蜜盖刷是在蜜脾上滚动，把蜜盖破坏，产生的蜡渣会在过滤时将其过滤出来，我国养蜂人使用还较少，但效率比割蜜刀高。割蜜刀有非加热和加热两种，尤其是非加热割蜜盖是我国最为普遍的割蜜盖方式，但效率低。另外一种是蜜盖铲，它可将蜜盖铲掉，效率也较高。

蜜盖刷

割蜜刀

蜜盖铲

图5-1 人工割蜜盖（李建科 摄）

机械化割蜜盖目前在我国还是非常罕见的，其原因可能有两方面：其一是我国的蜜蜂饲养规模普遍较小，其二是思想传统。近年来我国的中大型养蜂场虽然数量在不断增加，但还未见机械化割蜜盖的养蜂人。机械化割蜜盖有不同的方式（图5-2），其工作原理就是利用机械转动把蜜盖切除。其最大优势是能大大提高劳动生产效率，减轻劳动强度。这在发达国家的大型养蜂场十分普及。目前我国还未见机械化割蜜盖机的使用，相信在不远的将来我国也会逐渐采用机械化割蜜盖。

图 5-2　机械化割蜜盖（李建科　摄）

专题六
蜂王浆生产机械化

我国在蜂王浆生产技术领域居于国际领先地位，蜂王浆年产 4 000 多吨，占全球总产量的 90% 以上。本专题综述了我国蜂王浆生产技术历史和发展、蜂王浆成分与功能、蜂王浆高产机制、蜂王浆质量标准、蜂王浆生产机械化发展和蜂王浆优质高产配套技术。

一、蜂王浆生产史

自 20 世纪 20 ～ 30 年代意大利蜜蜂（以下称意蜂）引进我国以来，通过建立蜜蜂良种繁育体系，普及推广蜜蜂优良品种，意蜂现在已成为我国的当家蜂种，对推动我国养蜂业的发展，尤其是蜂王浆生产在世界上的领先地位做出了巨大贡献。蜂王浆是我国在 20 世纪 50 年代借助法国的文献资料进行生产的，于 1957 年开始试生产王浆，当时是采用人工育王的方法，用组成的无王群生产，其管理麻烦、成本高，产量也有限。中国农科院养蜂所 1958 年成立后就把蜂王浆的生产技术和医疗作用的研究列为重点课题，1959 研究成功有王群生产王浆的技术，使生产王浆和采收蜂蜜相结合，既提高了产量又降低了成本。在推广这项新技术的同时，又遇到了养蜂人员怕降低产蜜量、影响蜂群繁殖以及管理麻烦的问题。1960 年进一步研究证明，在主要流蜜期生产王浆，能有效地抑制蜂群造自然王台和自然分蜂，不但不减少采蜜量，反而较不生产王浆的对照组蜂群增产蜂蜜 5% ～ 11%。连续 3 ～ 4 个月生产蜂王浆的蜂群，由于饲料消耗较多，比对照组减产蜂蜜 2%，差异不明显。蜂王浆的单位价值比蜂蜜高 60 ～ 100 倍，养蜂场生产蜂王浆可使收入成倍增加。蜂王浆成规模生产始于 1979 年，年产 150 吨左右，此后产量增加很快，20 世纪 90 年代高产的比 20 世纪 80 年代初提高 5 倍以上，群批产浆 200 克已屡见不鲜。目前我国以生产蜂王浆为主的蜂场每群年产 8 ~ 9 千克蜂王浆已是普遍现象。迄今为止，我国年产蜂王浆 4 000 多吨，占世界总产量的 90% 以上，这主要归因于以蜂王浆高产蜂种为龙头的蜂王浆高产配套技术（图 6-1）。

图 6-1 新鲜蜂王浆（李建科 摄）

二、蜂王浆生产技术的研究

自从 20 世纪 50 年代人们认识到蜂王浆对推动人类健康、提高养蜂生产的经济效益具有重要意义以来，全球的蜂业科学工作者投入大量精力研究蜂王浆高产的方法。早在 1986 年底，中国农业科学院蜜蜂研究所的专家到浙江调查，与浙江大学动物科学学院（原浙江农业大学牧医系）教师到平湖时发现，平湖养蜂专业户王进和周良观两人分别对饲养的意蜂进行 20 多年定向选择，提高了蜂群王浆的平均产量，比普通饲养的意大利蜜蜂的产浆量显著提高。1987 ~ 1988 年先后在北京、平湖、杭州用 8 组 112 群蜜蜂进行试验，结果表明经选育的平湖意蜂较普通意蜂产浆量平均提高

80.2%；后来全国涌现大量的有关引进平湖意蜂后蜂群产浆量大幅提高的报道。此后的研究发现，平湖浆蜂的咽下腺活性较普通意蜂高 61.1%，且腺体保持活性较普通意蜂时间长。在此基础上，经我国蜂业科技工作者和养蜂人的不断选育，使其生产性能更加稳定。泰国的研究人员发现采用从中国进口的意大利蜜蜂较从美国进口的意大利蜜蜂的蜂王产浆量高，同时也证明了利用塑料台基进行生产蜂王浆产量高。迄今为止，平湖浆蜂已成为当今世界上产浆性能优良的蜂种，该蜂种已成为提高蜂群产浆量的最为重要的因素。与此同时，对蜂王浆生产技术的研究也有大量报道。20 世纪80 年代，生产蜂王浆是利用蜡质台基生产，但这种方法费工费时，生产效益低下，随后发现使用塑料台基生产，蜂群的台基接受率、产浆量均极显著高于蜡质台基，这为蜂王浆的规模化生产奠定了良好的基础。工蜂分泌的蜂王浆是头部的咽下腺消化花粉和蜂蜜后的腺体分泌物，因此，蜂群生产蜂王浆必须有足够的花粉供蜜蜂食用，日本的研究发现，花粉团在蜂群中的饲喂位置与蜂王浆产量有关，将花粉团放在子脾之间饲喂较放在巢脾上梁饲喂产浆量提高 20% ~ 35%；蜂王浆产量与蜜蜂的花粉采集量呈正相关关系，即蜜蜂采集花粉越多产浆量就越高。蜂群大小对产浆量有显著影响，产浆群的蜜蜂应保持适当的密度，蜂群的产浆量、台浆量随蜂群群势的增加而上升，但蜂王浆产量随蜂王年龄的增加而下降。产浆蜂群里的台基数量也是制约产浆量的另一因素，产浆群的台基数量应保持适当。20 世纪 90 年代初的研究认为在 7 脾群蜂里的台基数为 102 时，台基接受率和产浆量最高，但后来随着我国浆蜂性能的不断提高，每群蜂可放台基数也在不断提高，20 世纪 90 年代初为 125 个台基，随后增加到 165 个台基，目前很多蜂王浆生产蜂场的每群台基数在 200~300 个，蜂群仍然能维持很高的接受率，尽管台浆量随台基数量的增加而下降，但蜂群总产浆量与台基数量呈正相关关系。研究表明，8 日龄的工蜂才具有泌浆力，11 日龄时进入泌浆旺盛时期，16~17 日龄工蜂的泌浆力达到高峰，21 日龄后失去泌浆力，所以 11~21 日龄是工蜂产浆的最佳时期；采用不同的蜂王浆生产周期的研究证明，在同时给台基移入 1 日龄以内幼虫的前提下，移虫后 72 小时的产浆量显著高于 48 小时；产浆周期短，所移幼虫就大，即 48 小时取浆周期移 2 ~ 2.5 日龄幼虫，72 小时取浆周期所移幼虫应在 1~1.5 日龄时，两种取浆周期的产浆量没有差异，但 48 小时取浆周期费工费时、浪费蜜蜂幼虫；以 72 小时为生产周期时，在 66 小时、78 小时取浆，蜂群的产浆量没有差异，因此，在移虫后第 3 天的任何时间取浆对产浆量都没有影响。在蜜源充足，蜂群较强的条件下生产蜂王浆，产浆框的两侧排列任何巢脾对哺育蜂的分辨和台基接受率没有任何影响，这样避免了在产浆过程中不断调整巢脾，给生产管理带来便利。

综上所述不难看出，提高蜂王浆产量除了饲养优良蜂种外，其他的饲养管理措施也同样重要。目前我国已实现蜂王浆的规模化生产，并实现蜂王浆高产的综合配套技术，这一技术目前居世界领先水平。

三、蜂王浆功能成分研究

美国早在 1940 年就开始研究蜂王浆的化学特性。经过半个多世纪全世界科学家的不断研究，目前已普遍认为蜂王浆含有 64.5%~68.5% 的水分和 35.5%~31.5% 的干物质。干物质中蛋白质占 12%~14%、脂肪占 6%、糖占 12%~14%、灰分占 0.2%~4%。迄今为止还有大约 2.0% 的成分没有鉴定。干蜂王浆中的蛋白质 80%~90% 是蜂王浆主蛋白质。如今蜂王浆中大约有 150 种蛋白质，这主要是分析仪器技术进步的结果，这些新蛋白主要与细胞氧化还原、免疫调节、抑菌和降低血栓形成等相关。通过对浆蜂、意蜂和卡尼鄂拉蜂（以下称卡蜂）蜂王浆的蛋白质组比较，发现浆蜂和意蜂在蜂王浆蛋白质组成上无显著差异，蛋白质含量显著高于意蜂，且蛋白种类多于卡蜂蜂王浆，表明浆蜂经高产选育其功能蛋白种类和含量没有减少。进一步对浆蜂和我国本土中华蜜蜂（以下称中蜂）蜂王浆蛋白质组比较，发现浆蜂不仅蜂王浆产量显著高于中蜂（大于 30 倍），且蜂王浆中的蛋白含量也显著高于中蜂。

蜂王浆中至少含有 20 种氨基酸，其中包括 8 种必需氨基酸，它们分别是苏氨酸、赖氨酸、缬氨酸、亮氨酸、异亮氨酸、色氨酸、酪氨酸、蛋氨酸、组氨酸、苯丙氨酸、精氨酸、天冬氨酸、谷氨酸、脯氨酸、胱氨酸、丙氨酸、丝氨酸、甘氨酸等。其中以脯氨酸的含量最高占 63%，其次是赖氨酸，约占 20%，再次为精氨酸、组氨酸、酪氨酸、丝氨酸和胱氨酸。1 克的蜂王浆中含有 3.9~4.8 毫克的 RNA 和 201~223 毫克的 DNA。蜂王浆中至少有 26 种游离脂肪酸，其中的 12 种已经鉴定。10-羟基-2-癸烯酸（10-HDA）是其中最重要的，自然界只有蜂王浆里存在。蜂王浆里含有 7~9 种固醇类，如乙酰胆碱等；至少 11 种维生素，如维生素 B_1、维生素 B_2、维生素 B_3、维生素 B_4、烟酸、泛酸、生物素、叶酸、维生素 A、维生素 E、维生素 C，而以泛酸的含量最高，维生素 C 的含量最低。蜂王浆中同样含有多种活性酶和微量元素，如钙、铜、铁、磷、钾、硅和硫。鲜蜂王浆的pH 是 3.5 ～ 4.5，其水溶液呈浑浊状，可溶于强酸和强碱中，部分溶于乙醇并产生白色沉淀。

四、蜂王浆医疗应用的研究

蜂王不是天生的，而是后天造就的，这主要归因于蜂王浆的作用。如果没有这种特殊的食物，蜂王就不能正常地发育。正是由于蜂王食用蜂王浆才使其体积大于工蜂 42%，体重高于工蜂 60%。而更惊奇的是，蜂王的寿命在自然状态下 4 ～ 5 年，工蜂则 7 周左右，寿命较工蜂长 40 多倍。蜂王的产卵高峰每天可以产 2 000 ～ 3 000 粒卵，约相当于其体重的 2.5 倍。蜂王长寿和惊人的繁殖力以及形态上的差异主要源于蜂王的食物——蜂王浆。

国内外蜂王浆研究概括

在国内蜂王浆的应用和生产历史文字记载不多，只是在民间养蜂者自用。据李俊报道，在云南少数民族地区有"蜂宝能治百病"的说法，这里的蜂宝指的是蜂王浆。对蜂王浆的研究和应用是近代的事。1959 年 10 月匈牙利养蜂专家波尔霞博士应邀来中国访问，介绍蜂王浆在国际上作为高级营养品应用，在医药上也有极高的价值，蜂王浆的经济价值也很高，当时国际市场每千克价格为 4 000 ~ 8 000 美元。怀谷（王吉彪）在同年的《中国养蜂》第 11 期上发表此信息，受到全国养蜂界和制药厂的重视。1957 年夏，陈剑星小量生产蜂王浆并进行了临床观察。1957 北京市公私合营养蜂场副场长黄子固等也开始试生产和利用蜂王浆。此时不断有国外蜂王浆文章被翻译成中文发表。

1959 年 4 月初，中国农业科学院养蜂研究所同北京 3 个单位建立了协作关系，分工为：养蜂研究所负责蜂王浆生产研究；中国科学院昆虫研究所负责蜂王浆的保存和成分分析研究；北京医学院和解放军医科院负责蜂王浆药理和临床研究。同年 6 月 8 日再次开会，并扩大协作组织，分工为：北京医学院、昆虫研究所、解放军医科院和解放军总医院由养蜂研究所供应蜂王浆；协和医院、中国医科院皮肤性病研究所、北京医院和北京积水潭医院由北京家禽场负责供应蜂王浆进行临床观察。这时期《中国养蜂》杂志不断发表蜂王浆功效和生产的研究报告等文章，指导了蜂王浆的开发。当时上海生物制药厂蜂王浆的收购价为每千克 2 000 元。

1960 年无锡永泰丝厂新设无锡化学制药厂，开始从江西、安徽、河南各蜂场收购，每千克 1 700 元。1961 年收购蜂王浆的厂家还有北京制药二厂、上海生物制药厂、杭州胡庆余堂制药厂、苏州福康制药厂、常熟制药厂、天津友谊制药厂和漳州制药厂等。当时对蜂王浆的质量要求为：48 ~ 52 小时的白色嫩浆、浆内无幼虫、蜡屑、杂质，瓶口用胶布严封，要冷藏运输和保管，验收时做抑菌试验。1962 年蜂王浆的收购价降至每千克 400 元。随着生产技术的提高和产量的增加，在 20 世纪 70 ～ 80 年代价格基本稳定在每千克 150 元左右。20 世纪 90 年代末至今则降至每千克 50 ～ 100 元。

国际上，法国养蜂家弗郎赛·德贝尔伟费从 1933 年起，对蜂王浆进行了多年研究，认为有延缓衰老的作用，并研制出蜂王浆制品出售。美国医学界人士于 1959 年总结蜂王浆试验，认为有刺激生长的作用。迄今为止有关蜂王浆的医疗和保健作用已有大量报道，蜂王浆不但有众所周知的营养作用，而且还有药理学作用，如降血压、抗肿瘤、杀菌和胰岛素样肽治疗糖尿病等。

蜂王浆在医疗上的应用主要如下：

（一）蜂王浆与抗癌

蜂王浆可减轻癌症患者的痛苦，帮助机体抵御化疗和放疗所造成的副作用，这主要是由于蜂王浆中的特殊化学成分 10- 羟基 -2- 癸烯酸的存在，蜂王浆抗癌特性已被许多科学研究证明。1959 年加拿大和美国的联合研究小组将小鼠的活性肿瘤细胞与蜂王浆混合，然后将混合物注入小鼠体内，结果抑制了白血病的发展和肿瘤的形成。对照组小鼠 14 天之内因腹水瘤而死亡，而注射混合物组的小鼠没有发展成肿瘤。生存下来的小鼠在第 90 天后解剖，确认了体内没有肿瘤。后来在连续 2 年时间内对近 1 000 只小鼠进行试验，注射混合物组的小鼠在 12 个月后还很健康，而对照组在注射肿瘤细胞后 12 天内死亡。日本的研究者在 1985 年给健康小鼠体内移植淋巴白血病细胞、腹水瘤，然后给它们连续饲喂 30 ～ 60 天的蜂王浆，结果发现蜂王浆可有效地抑制肿瘤细胞的形成。同样，Tamura 等也报道了蜂王浆可有效地抵抗肉瘤和欧利稀肿瘤细胞；后来的研究也证明了蜂王浆可激活巨噬细胞和造血干细胞的功能，抵御被 X 射线照射而失去造血机能和原发败血症小鼠的造血功能受损，同时也证明了蜂王浆可提高老龄小鼠的 Th 1 细胞的反应能力。

（二）蜂王浆与抗衰老

蜂王浆中一些重要成分可以减缓人类的衰老进程，如今已找到了有关这方面的科学依据。众所周知，结缔组织是由纤维蛋白的组成部分——胶原质形成的，以连接腱纤维、韧带、软骨和骨组织，当人类衰老时，机体失去再造这种胶原质的能力。蜂王浆虽然不含胶原质，但含有形成胶原质的基本成分和凝胶状的氨基酸。衰老的重要标志就是胶原质退化。从前认为衰老主要是血管的老化，但现在可以更精确地说衰老是胶原质的老化。

蜂王浆还含有治疗衰老的非常重要的成分，在衰老的过程中，机体的功能也在逐渐退化，因此，应及早采取措施来延缓器官的衰老。人们必须求助于对机体有明显的焕发新生的物质。在这些物质中，蜂王浆是目前最为重要的物质之一，它可明显降低衰老过程中对机体的损坏作用。蜂王浆中的 γ-球蛋白和凝胶状的胶原质成分在此方面有很高的价值。迄今为止，蜂王浆在治疗衰老方面有无与伦比的功能。

（三）蜂王浆与免疫系统

任何对机体免疫系统有明显增强作用的物质对健康都是非常重要的。随着人们对健康水平要求的不断提高，对功能食品的研究越来越多。蜂王浆可激发免疫系统，阻止致病菌的生长。蜂王浆的这种杀菌功能目前已被称为抗菌蛋白的蜂王素，它由 51 种具有 3 个二硫键的氨基酸残基组成。蜂王浆也具有免疫增强作用，它可以抑制肥大细胞 E 抗原的产生和组胺的释放，以此来恢复巨噬细胞的功能和提高 Th 细胞的反应，即从 Th 2 型转换为 Th 1 型。由此可见，蜂王浆具有一定免疫调节活性。

众所周知，γ–球蛋白对生物体有不可估量的价值，它是机体内部抵御细菌、病毒和毒素最为重要的蛋白质。临床试验给病人每天服用一定量的蜂王浆，然后取血液进行分析，结果显示，机体的防御能力有了显著提高。

抗氧化活性是功能食品的主要特点之一，它可保护机体组织免遭氧化损害，进而预防癌症、心血管疾病和糖尿病等疾病。活细胞的防御系统和抗氧化作用的重要性是众所周知的，自由基和氧化剂是机体产生毒素的重要机制，它们参与机体的老化过程和疾病的形成。这些氧自由基诱发碳水化合物、蛋白质、脂肪、核酸等生物分子的氧化损害，从而引发对细胞、器官的损害，并导致衰老。机体活组织可通过抗氧化酶，如过氧化物歧化酶（SOD）、过氧化氢酶（CAT）、过氧化物酶以及维生素 E、维生素 C、多酚等小分子化合物来进行自我保护。对蜂蜜、蜂王浆、蜂胶的抗氧化活性、抗热性、过氧化物净化作用的研究证明，蜂蜜的抗氧化活性经热处理后急剧下降，而蜂王浆和蜂胶却相反；过氧化物净化作用的强弱顺序是：蜂胶＞蜂王浆＞蜂蜜；蜂蜜、蜂王浆和蜂胶的抗氧化活性都随着存放时间的延长而下降，所以，在此方面保持新鲜是非常重要的。

（四）蜂王浆与机体的活力恢复

研究发现蜂王浆里含有可激发人类腺体功能的复杂化合物以及使生殖系统保持正常的天然激素。有研究表明，兔子、母羊等动物食用蜂王浆后个体长得更大、生殖力更强、性欲更旺盛。蜂王浆可以在自然状态下平衡机体内分泌系统，提高性欲和生殖系统的反应。蜂王浆可以促进绵羊卵泡的生长和排卵，而排卵率是生殖力的主要决定因素。

长期以来人们基于蜂王较工蜂寿命长的事实，确信蜂王浆里存在一些奇特的成分能延长寿命。现在全球在对蜂王浆广泛研究的基础上，得到了大量确凿的对人类健康有益的证据。如果每天服用一定量的蜂王浆，即可以延缓机体衰老、延长寿命，因此，目前科学家、生物学家和医生对蜂王浆的兴趣有增无减。大量分析表明蜂王浆里迄今为止还有约 3% 的未知成分，也许这些未知成分将来可以揭开这些谜。一旦科学家搞清楚这 3% 的未知成分，并能将它加工出来时，那时人们才能真正明白蜂王浆的独特之处，并且只有从蜜蜂这里才能得到它。

（五）蜂王浆与心血管疾病

动脉硬化是正常衰老过程中的并发症。当血管老化时，动脉因变硬而失去弹性，现在我们知道胆固醇在此过程中是罪魁祸首。当胆固醇在血管壁上积累增加时，阻碍了血液的自由流动。硬化的动脉极大地促进了深部静脉血栓的形成，血管壁应该保持弹性以促进血液的正常流动。蜂王浆由于其特殊的成分，使其对心血管系统具有调解作用，即降低血压、减少胆固醇在血管壁上的积累。临床试验表明，蜂王浆对动脉硬化确实有疗效，这些疗效包括抑制动脉粥样硬化的发展，改善动脉硬化组织的血液循环。这些试验结果得到了临床医生的广泛赞同，他们认为，蜂王浆结合适当的饮食对改善血脂水平非常有效，尤其是对胆固醇、甘油三酯；蜂王浆通过胃蛋白酶和胰蛋白酶消化后的碳水化合物可有效降低胆固醇水平，提高血色素水平。因此，蜂王浆中的碳水化合物对提高血液血色素水平非常有益。在体外进行的蜂王浆抗高血压试验证明，10-羟基-2-癸烯酸参与了血压的调整；通过胃蛋白酶的消化，蜂王浆蛋白转化为很好的抗血管紧张素转化酶。

（六）蜂王浆与美容

尽管长期以来人们认为蜂王浆可以延长青春、改善皮肤质量，而且有证据表明蜂王浆还可增加机体能量、减轻焦虑、改善睡眠和情绪、增强记忆、提高免疫力。蜂王浆含有的所有 B 族维生素，其中维生素 B_5、生物素 B_6 的含量很高，这些 B 族维生素不仅是人体营养所必需的，而且可帮助机体抵御外来感染。更重要的是对试验动物小白鼠的研究表明，在其日粮中每天添加足量的维生素 B_5，其寿命较对照组显著延长；同时维生素 B_5 不仅可抵御神经系统的应激反应，改善失眠，而且还可加速术后康复。蜂王浆里所含的凝胶氨基酸是胶原质的重要构成原料，胶原质又具有抗衰老作用，可保持皮肤光洁，使皮肤富有弹性，通过局部使用，如面膜、霜、洗液等，可从细胞水平上给予皮肤营养，使皮肤柔软，皱纹消逝。当癌症病人在进行放疗时在皮肤表面涂上蜂王浆，皮肤会很快愈合。此外，蜂王浆对接触性皮炎和幼儿湿疹还非常有效。

蜂王浆里的 10- 羟基 -2- 癸烯酸对关节炎的治疗有非常显著的效果，同时蜂王浆中的胰岛素样肽对糖尿病具有特异性的作用。

五、蜂王浆质量的标准研究

水分、糖、脂类和蛋白质是通常用来评价蜂王浆的质量标准，最近无论是养蜂者还是加工商都认为 10- 羟基 -2- 癸烯酸（10-HDA）是蜂王浆新鲜度的标志。和许多动植物的 14 ~ 20 个碳元素组成的甘油三酯脂肪酸不同，蜂王浆中的脂肪酸则是由 8 ~ 10 个碳元素的游离脂肪酸以羟基脂肪酸或 2 羧基酸组成的。迄今为止，自然界中的任何物质中，包括除了蜂王浆以外的其他蜂产品都不含 10- 羟基 -2- 癸烯酸，因此，10- 羟基 -2- 癸烯酸便成为蜂王浆与其他蜂产品的区分标志。尽管 10- 羟基 -2- 癸烯酸的含量因为产地和蜂种而有差异，但目前普遍认为其含量超过 1.8% 即为新鲜的纯蜂王浆。然而，研究表明，10- 羟基 -2- 癸烯酸即使保存在室温下其含量也不受影响，所以，究竟如何确定蜂王浆的新鲜标准还有待研究。

鲜蜂王浆通常储存在 -20℃或更低的温度，然而如果蜂王浆储存不当，将会变质而失去商业价值。研究表明蜂王浆在储存过程中蛋白质逐渐变质，黏度和可滴定酸度在增加。这种变化可能是由于梅拉德和脂肪的氧化。鲜蜂王浆中的蛋白包括水溶性蛋白和非水溶性蛋白，其中水溶性蛋白占总蛋白的 49% ~ 80%。因此，蜂王浆的变质主要是水溶性蛋白的降解；最近的研究证明，蜂王浆里分子量为 57 的蛋白质随储存温度提高和时间延长在逐渐变质。近年来，中国农业科学院蜜蜂研究所的研究发现，蜂王浆主蛋白质是蜂王浆新鲜度的可靠标志物，并研发了能在 3~4 分快速检测新鲜度的类似手机大小的设备。

六、浆蜂蜂王浆高产机理研究

自浆蜂诞生以来，我国广大科研工作者就对蜂王浆高产机理进行了大量的研究。数量遗传学研究表明工蜂产浆性状是工蜂群体表达的、可遗传的数量性状，受遗传因素决定；同时与蜂王浆产量相关的台基接受率和台浆量也由遗传因素决定，且浆蜂显著高于意蜂。近年来，采用蛋白质的方法，从工蜂的发育史——胚胎、幼虫、蛹以及咽下腺水平上系统分析了浆蜂和意蜂蛋白质组的差异，揭示了经过蜂王浆高产的选育，浆蜂的胚胎、幼虫和蛹期发育已进行重塑，形成了适合蜂王浆高产的发育特点。对浆蜂和意蜂相同日龄咽下腺的电镜形态比较发现，浆蜂的咽下腺小囊体积增大，蜂王浆分泌周期延长。浆蜂 3 日龄就具有分泌蜂王浆的潜能，一直持续到 15 日龄，而意蜂的泌浆周期为 6~12 日龄（图 6-2），咽下腺泌浆持续时间的延长使得蜂群内哺育蜂数量增加；同时，浆蜂咽下腺的蛋白质合成、细胞骨架蛋白和能量代谢等通路功能较意蜂显著增强，且其中 35 个蛋白质对其发育起关键调控作用，这些形态和生化功能的加强为蜂王浆的高产提供了生理保障。同时还发现工蜂唾液腺也具有分泌部分蜂王浆蛋白的功能。尽管在选育高产的同时并未关注提高 10-HDA 含量，但通过比较浆蜂和意蜂上颚腺蛋白质组发现，浆蜂合成分泌 10-HDA 的生化代谢通路的能力也同时提高，这可能是调控蜂王浆产量和 10-HDA 的基因存在连锁关系，生产中 10-HDA 含量的波动可能是由于蜜源、地理等环境因素导致的。

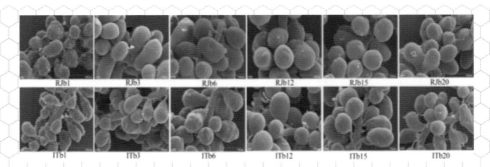

图 6-2　浆蜂（RJb）和意蜂（ITb）1、3、6、12、15 和 20 日龄工蜂咽下腺电镜扫描结果（李建科　摄）

分泌蜂王浆是哺育蜂的饲喂幼虫行为，哺育蜂触角接收到幼虫信息素信号后将其传递到中枢神经系统，进而分泌蜂王浆哺育幼虫和蜂王，因此阐明浆蜂的嗅觉识别信息素机制对了解产浆生物学至关重要。通过对浆蜂的工蜂、雄蜂和蜂王触角蛋白质组分析发现，工蜂为了高效识别幼虫外激素（不饱和脂肪酸），其嗅觉系统中与不饱和脂肪酸气味分子结合的蛋白质和相关通路的功能显著加强，提高了识别幼虫的灵敏性进而分泌蜂王浆哺育幼虫。

蜜蜂与其他昆虫一样，血淋巴不仅对机体的免疫和营养运输等具有重要功能，而且还是机体生理状态的监视器。蜂王浆产量的提高一定在淋巴系统上有所反映。通过浆蜂与其他蜂种血淋巴蛋白质组比较分析，发现浆蜂血淋巴中蛋白质合成和能量代谢相关通路的功能显著加强，以满足蜂王浆分泌量增加的生理需求。对浆蜂和意蜂神经肽组分析表明，尽管它们都采用类似的神经肽组调控行为，但浆蜂调控采集花粉、识别幼虫信息素等功能明显加强，提高了哺育蜂分泌蜂王浆的能力，从而保证蜂王浆高产。

七、生产蜂王浆的操作程序

（一）组织产浆群

蜂群经过新老蜂的更换，新蜂不断增多，群势日益增强；外界气温日趋增高并趋于稳定；蜜粉源植物相继开花，蜜蜂饲料不足，已具备生产蜂王浆的条件。在检查蜂群时用隔王板将继箱与巢箱隔开，蜂王放在巢箱里产卵，为繁殖区。继箱里留 2 框蜜粉脾，1~2 框封盖子脾，1~2 框大幼虫脾放在中部浆框两侧，即可生产蜂王浆（图6-3）。

图6-3　蜂王浆生产群（李建科　摄）

（二）适龄幼虫的准备

为保持产浆群的强壮，稳定持续地生产蜂王浆，减少移虫的麻烦，提高移虫效率，必须组织幼虫供应群。幼虫供应群可以是单王群，也可以是双王群，采用蜂王产卵控制器易取得适龄幼虫。即在移虫前4~5天，将蜂王和适宜产卵的空脾放入蜂王产卵控制器，工蜂可以自由出入，蜂王被限制在空脾上产卵2~3天，定时取用适龄幼虫和补加空脾。

（三）王浆框的安装

采用塑料台基条取浆，可用细铅丝绑或万能胶粘，固定在王浆框的木条上，根据群势每框安装3~10条。在移虫前将安装好台基条的王浆框放进蜂巢让蜜蜂打扫24小时以上（图6-4）。

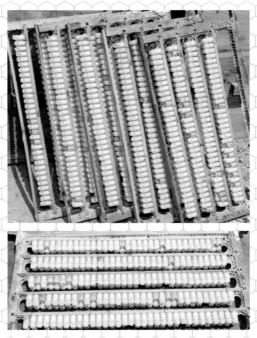

图6-4 产浆框（李建科 摄）

（四）移虫

从蜂群取出清扫好的王浆框，可先用排笔给台基里刷些蜜或王浆；从供虫群提出供虫脾，用弹簧移虫针针端顺巢房壁直接插入幼虫体底部，连同浆液提出，再把移虫针伸到台基底部经压弹性推杆，便可连浆带虫推入台基底部。依次一个接一个把幼虫移入台基。移好虫的王浆框，尽快放入产浆群继箱的两个幼虫脾之间。第一次移虫接受率不会很高，经过2~3小时后再补移一次幼虫。移虫前一晚上给蜂群奖饲糖浆是提高王台接受率的关键。

（五）取浆

取浆前把取浆场所打扫干净，取浆用具和储浆器具用75%酒精消毒。移虫后68~72小时即可取浆。从蜂群中取出王浆框，轻轻抖落工蜂，初学者可将台口朝上抖蜂，再用蜂帚扫落剩余的工蜂，把王台条取下或翻转90°，用锋利的割蜜刀顺台基口由下向上削去加高部分的蜂蜡，逐一轻轻钳出幼虫，注意不要钳破幼虫，也不要漏掉幼虫，然后用竹片或刮浆片取浆。在有条件的地方，用真空泵吸浆器取浆。取浆后的浆框，若台基内壁有较多赘蜡，先用刮刀旋刮干净后随即移虫再放回产浆群。

（六）过滤

有条件的养蜂场，用100~200目的尼龙网袋过滤蜂王浆，将蜂王浆中的蜡渣等杂质过滤掉。经过滤的蜂王浆按1千克量分装进无毒塑料袋，以免反复冷冻解冻，造成蜂王浆酸败损失。

（七）冷藏

过滤分装的蜂王浆及时放进 –25℃低温冷藏。一般从采浆到过滤分装冷藏不超过 4 小时，以减少蜂王浆中活性物质损失。无冷藏条件的养蜂者，采浆后不过滤保持蜂王浆的原状，就及时送交收购单位。收购单位可先过滤后冷藏。目前我国普遍采用的蜂王浆生产流程如图 6-5 所示。

移虫

移虫后 3 天将王浆框从蜂群去除

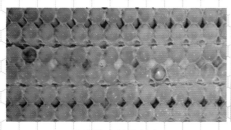

移除幼虫的台基条　　　　　　　　　　　取浆

图 6-5　蜂王浆生产流程（李建科　摄）

八、蜂王浆生产机械

蜂王浆生产机械使用持续时间很长，一旦蜂群开始取浆，整个生产季节基本不会停下来。其中耗时最长、难度最大的是移虫环节，因为此环节技术性较强，既要把虫移活，又要保证速度。再者，从台基里把蜂王浆挖出来也要耗时很长。因此，近年来我国一些蜂具企业和科研工作者一起，先后研发了割盖机、钳虫机、挖浆机和移虫机，这些机械已在生产中被采用并显示出较高的生产效率，极大地降低了蜂王浆生产的劳动强度（图6-6）。移虫机的移虫接受率在92%以上，移一根64孔的台基条仅需6秒，1小时可以移64孔台基条600根。将幼虫钳好的64孔台基条，挖浆机40分可以将12千克蜂王浆挖好。割台基盖可在很轻松的情况下把台基口上被蜜蜂加高的蜡质台基割下来。钳虫机可以机械化地在极高速度下把台基内的蜂王浆幼虫钳出。

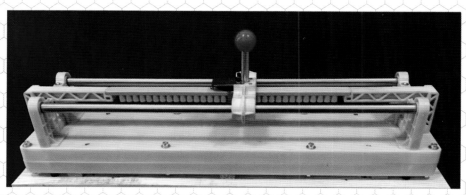

割盖机

钳虫机

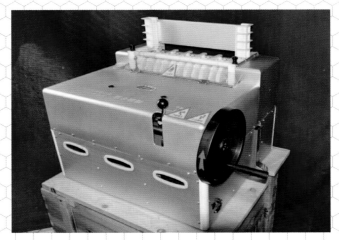

挖浆机

移虫机

图6-6 蜂王浆生产机械（王俞兴 摄）

九、蜂王浆高产配套技术

影响蜂王浆产量的因素很多，提高蜂王浆产量的内容也涉及很广，生产中从以下八大方面着手方可取得高产。

（一）增长产浆期

产浆期是从每年开始生产王浆之日起，到生产结束之日为止的一段时间。河南省一般情况下从4月1日到9月中旬这5个多月可进行蜂王浆生产；而在浙江省一带每年可达七个半月的产浆期。生产蜂王浆群势必须强盛，要增长产浆期必须延长群势强盛阶段。

（二）使用高产全塑台基条

高产全塑台基条的应用可使蜂王浆生产的效率极大提高。

（三）因群制宜，量蜂定台

蜂王浆的群产量＝接受台数 × 台浆量，可以看出蜂王浆产量随接受台数和台浆量的增加而增加。所以，在台浆量不变的情况下，可以用增加接受台数来增加蜂王浆产量。增加接受台数有两个办法：一是提高现有台基的接受率；二是增加台基条数。增加台基条数在单框生产时，一般是原有3~4条的可以增加到5条。在增加到5条还觉得不够时，可加2~3个产浆框生产，每个产浆框也可以由3~5条台基条构成。群势强，泌浆蜂多，可采用双框或三框生产，并能明显提高蜂王浆产量。但接受台数和台浆量是成反比的。接受台数随台浆量增加而减少，台浆量随接受台数增加而减少。在台数不太多时，增加接受台数，台浆量下降甚微或没有下降，可明显提高产量，但接受台数增加到一定数量，台浆量就会明显下降，这时再增加接受台数已不能增产甚至反而减产了。所以增加接受台数，要适可而止，在增加接受台数增加的产量接近台浆量下降的数字前就应停止，免得浪费人力、财力。

（四）饲养蜂王浆高产蜂种

作为以生产蜂王浆为主的养蜂场应饲养蜂王浆产量高的蜂种。这种蜂种不但在流蜜期表现高产，在非流蜜期也能高产，同时也应注意其蜂王浆的内在质量。目前最好的方法是引种。

（五）保持蜜、粉充足，不断进行饲喂

蜜源丰富的大流蜜期，不但是夺取蜂蜜丰收的时机，而且也是生产蜂王浆的黄金时期。一般不进行奖饲同样可以取得高产。但是在辅助蜜源或无花期就应保持蜜、粉充足，不断进行饲喂才能获得高产。

（六）蜂王浆生产工厂化

以蜂王浆生产为主的养蜂场，实施工厂化生产蜂王浆，能提高经济效益，降低养蜂员的劳动强度，提高蜂王浆的产量和质量，工厂化的主要内容是：养蜂车间化、管理规范化、操作程序化。

1. 养蜂场车间化

定地或小转地养蜂，可以创造一个或几个车间化养蜂场。第一，给蜂箱搭建永久性的蜂棚，蜂棚的高度以 2 米为宜，坐北朝南，北面最好有墙

挡风，长度以蜂箱多少而定，南北宽度在 2 米左右。地势要高燥，前面开阔，不要有大河，或汽车流量很大的公路，四周较为洁净。这样的好处是养蜂员的工作可以不受天气影响，可降低劳动强度，温度和湿度相对稳定，有利于蜂群正常生活和生产，蜂箱不直接接受日晒、雨淋，寿命会延长。第二，建造操作间，要求干燥、明亮、清洁，作为摇蜜、取浆、移虫之用，内置养蜂各种必需用品，作为养蜂员生产、生活场所。第三，建设一个储存蜜、糖，放置蜂箱巢脾的库房，要求干燥，能防盗蜂、老鼠。另外，最好有可靠的运输工具，最好汽车可以直达。

2. 管理规范化

以生产王浆为主的定地养蜂场，应操作规范，包括开箱、查蜂、育王、介绍蜂王、摇蜜、取浆、移虫等。

3. 操作程序化

养蜂员按程序、有计划、有条理地操作，能提高劳动生产效率，提高经济效益和管理水平。而操作程序的制订，要根据养蜂场大小、劳力情况和技术水平等情况灵活运用。如一个养蜂员管理 40 箱蜂王浆生产群，蜂王浆生产周期为 3 天，单框生产的管理，可把蜂群分为 4 组，每组 10 群。在 3 天周期中，第一天取浆移虫两个组 20 群蜂，当天上午先查第一组的蜂，查蜂时起刮刀等工具，根据规范执行，每群调整两张幼虫脾到继箱，等移虫用，每群两张，每组 20 张，足够移两组浆框，已封盖的子脾调入巢箱，查蜂后就取浆；这天下午取第一、第二两个组的王浆（20 群）。第二天查第二组的蜂，取第三、第四组的浆（20 群），40 群蜂两天内完成取浆移虫。第三天空余，做其他工作和弥补前两天工作之不足。第一个产浆周期查两组蜂，第二个王浆生产周期再查两组，6 天查完。如果要割雄蜂，连割两个周期，停两个周期。割雄蜂周期相隔 12 天，以此类推。如果治螨，特别是小蜂螨，结合割雄蜂进行，既有利于割雄蜂脾，又省去了专门治螨的麻烦。上下对调子脾每 6 天进行 1 次，正好两个产浆周期，如此循环，周而复始，有条不紊。经过程序化操作，不用为找移虫子脾而翻箱，也不必专门去割雄蜂、治螨及强弱调整了，劳动效率可以大大提高，又减少了翻箱次数，对预防盗蜂有利。其他还有全年操作程序，例如什么时候育王，什么时候关王，什么时候分群，什么时候产浆，什么时候停止产浆，都可以根据实际情况制订程序去努力实施。

（七）实施以定地为主、结合转地的饲养方式

从增加蜂王浆产量出发，蜂不离花非常重要，以便于产浆操作和程序安排。以定地饲养最为方便，把蜂群放在常年花源不绝流蜜不止的处所是最理想不过的。然而，自然界很难找到这种场所。常年定地饲养，往往会出现短期的断蜜期甚至断粉期，断蜜期和断粉期虽然可以通过人工饲喂糖浆和天然花粉或人工花粉维持蜂王浆生产，但蜂王浆产量总没有自然蜜、粉源时高，而且饲料成本增加，管理工作麻烦，又易发生盗蜂等。因此在蜜、粉断绝期可把蜂群转地到其他有蜜源的地方去。所去的场地以交通方便、运程较近和花源连绵不断、泌蜜散粉丰富的处所最为理想。

（八）提高产浆操作水平

1. 适时调整产浆群

蜂王浆生产群内，王浆框边放的大幼虫脾，会很快封盖，封盖子也要

陆续出房，群内布局不断发生变化，所以，一般每生产 1~2 批蜂王浆，就要调整一次巢脾。把正在或将要出房的封盖子和巢箱里的大幼虫脾进行调换，万一群势下降，还要及时撤出多余的巢脾，保持蜂脾相称或蜂多于脾的状态。储蜜存粉不足时要饲喂，王浆框边的蜜脾封盖要割开。

2. 根据群势确定王台数

每群蜂的王台数量，要根据季节、花期、群势和蜂王等具体情况决定。在不利蜂王浆生产的季节、花期以及群势较弱的新王群，王台数量可少些，其办法是把王台距离加大或少安几根王台条。相反地，在花粉丰富的大流蜜期，每框王浆产量达 60 克以上时，也可加双框生产。如果王浆框产降到 60 克以下，就应该恢复单框生产。

3. 加强产浆群的管理

要提高蜂王浆产量，必须加强产浆群的管理。具体的管理工作有：补虫工作是提高每框王浆产量的重要措施之一，移虫后 2~3 小时就要对王浆框进行检查，对没接受的台基进行补移幼虫，给没有幼虫的新台基中洒些清水，有降低巢内温度和增加湿度的作用，可提高接受率和蜂王浆的产量。往群内插浆框时，注意不要让台基口偏向两侧，保持垂直向下。

4. 整框清杯

使用过的老塑料台基，虽然接受率较好，但是生产 6~7 批后，浆垢增多，继续使用易影响蜂王浆的质量，必须把台基中的浆垢用薄铁片清除。

专题七
蜂螨防治机械化

蜂螨是世界养蜂业的头号大敌，养蜂失败大多源于蜂螨危害。传统的控制蜂螨的方法需要投入大量化学药物和体力劳动，不仅污染蜂产品而且劳动效率低下。本专题综述了我国和国际上目前采用的高效物理加热控制蜂螨的方法，这对我国蜂业的优质高效生产具有重要意义。

　　蜂螨是一种蜜蜂体外寄生螨，大蜂螨的个体发育分 3 个阶段，即卵、若螨和成螨。一只雌螨能产 1 ～ 7 粒卵，多数产 2 ～ 5 粒，进入巢房内的大蜂螨有产卵能力的占 94.8%，无产卵能力的仅占 5.2%。试验表明，雌螨进入蜜蜂封盖幼虫房 48 小时后与雄螨交尾受精，腹部膨大，行动迟缓，60 ～ 64 小时开始寻找产卵场所，并将卵产于巢房壁和巢房底部。大蜂螨产卵能力虽然很强，但成活率很低，能够形成新雌螨的仅占 35.8%，死亡 3.8%；形成新雄螨的占 17%，死亡 9.4%，而不能发育为成螨的占 33%。雄螨与雌螨交配后不会立即死亡，大部分雄螨是在幼蜂羽化出房后死亡，而雌螨则随着幼蜂出房寄生于蜂体或转移到新的幼虫房。潜入工蜂封盖巢房的大蜂螨均为雌螨并在封盖房内只繁殖一代，没有世代重叠现象。受孕雌螨，产 1 粒卵时，多数情况下发育为雌螨，若产 2 粒以上的卵时，则必有一个发育为雄螨。检查封盖巢房，鉴别雌螨与雄螨之间的性别比例为 1.42 ：1。大蜂螨的生活周期为卵期 20 ～ 24 小时，前期若螨 52 ～ 58 小时，后期若螨 80 ～ 86 小时。雄螨整个生活周期为 6.5 天，雌螨 7 天。

　　蜂螨的寄生分为蜂体自由寄生和封盖房内繁殖两个阶段。在蜂体自由寄生阶段，寄生于工蜂和雄蜂的胸部和腹部环节间，一般情况下，一只工蜂体上寄生 1 ～ 2 只雌螨，雄蜂体上可多达 7 只。在封盖巢房内繁殖阶段，工蜂幼虫房通常寄生 1 ～ 3 只螨，而雄蜂幼虫房可高达 20 ～ 30 只螨。其原因是：

第一，雄蜂幼虫房集中于巢脾边缘，温度较低，适于大蜂螨的寄生和繁殖。

第二，雄蜂幼虫发育阶段分泌激素的引诱作用。

第三，雄蜂幼虫发育期较工蜂幼虫长 12 小时，工蜂对雄蜂幼虫饲喂次数多，这样便增加了蜂螨潜入的机会。

蜂螨是制约蜂业生产的最重要病虫害，它寄生于幼虫和成蜂体表吸吮血淋巴而危害蜜蜂健康，通常会造成蜂群全军覆灭。蜂螨虽然寄生于蜜蜂体外，但一生均在蜂巢房内繁殖。它在未封盖的幼虫房中产卵，繁殖于封盖幼虫房，寄生于幼虫、蛹及成蜂体表，吸取血淋巴，造成蜜蜂寿命缩短，采集力下降，影响蜂产品产量。受害严重的蜂群出现幼虫和蛹大量死亡。新羽化出房的幼蜂残缺不全，幼蜂到处乱爬，蜂群群势迅速削弱，严重时会寄生蜂王（图 7-1）。

目前采用的治螨方法是人工给蜂群施药，劳动强度大，同时蜂螨极易产生药物抗性，严重影响蜜蜂健康和生产效率，同时也是蜂产品药残的主要来源之一。

利用蜂螨喜欢在雄蜂房繁殖远远超过在工蜂房繁殖的生物学特性，我国已经研制出利用物理加热方法将雄蜂房内的蜂螨集中杀死。其主要原理是利用蜂场的太阳能蓄电池对蜂箱里出房前 2~3 天的雄蜂脾进行加热，将雄蜂房内的成螨和若螨都杀死。一个蜂群在繁殖季节治疗 4~5 次即可有效地防控蜂螨的危害，这样就可以有效地降低蜂群中蜂螨的寄生率，保持蜂群的健康，使劳动强度大大降低，劳动效率显著提高。为此研制了一种蜂

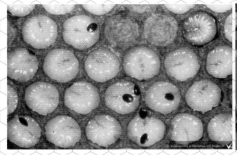
蜂螨入侵大幼虫

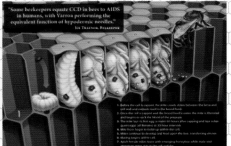
蜂螨在巢房的发育过程

蜂螨寄生工蜂和蜂王

图 7-1　蜂螨寄生蜜蜂过程（李建科　摄）

螨物理防治及雄蜂蛹生产装置（图 7-2），用于蜂群的高效物理治螨及雄蜂蛹生产，造价 60 元，每 100 群配 50 个即可，寿命 10 年。该方法近年来在北京、山东和河南的部分养蜂场使用后，控螨效果非常理想，是当今高效无污染的治疗蜂螨方法之一。

　　一套蜂螨治理系统包括一个具有加热功能的雄蜂脾，一个用于自动控制温度的温控系统（一个养蜂场只需要一个温控系统，每个繁殖箱需要一个雄蜂脾），两块 12 伏的小型蓄电池（太阳能板供电即可）串联成 24 伏电压（现在几乎所有的养蜂场都已经配备太阳能供电系统）。

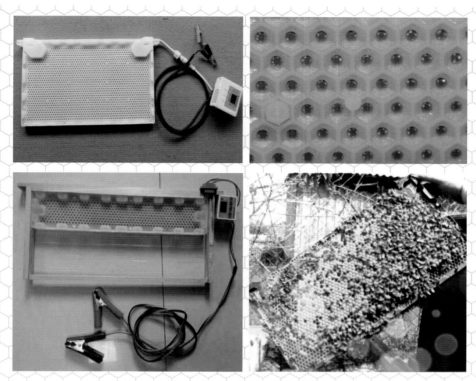

图 7-2 物理加热雄蜂巢脾治螨（陈盟战 摄）

带加热功能的雄蜂巢脾，通电保持一定时间，可以使雄蜂房升到一定温度，杀死孵化时期的若螨，蜂群有自动清理习性，会自动咬开封盖雄蜂房清理出雄蜂蛹及若螨尸体。清理完毕，重复进行隔王管理使蜂王重新在雄蜂脾上产子，如此反复在一个繁殖季节进行多次治螨，就可以使蜂群中的蜂螨的寄生率大大降低，保持健康的蜂群。

物理治螨类似人类的未病先治，物理治螨选择的时期是在蜂螨繁殖时期，该治螨方法最大程度上抑制了成年蜂螨的生成，所以也称事前治螨。

图 7-3　美国的雄蜂巢脾治螨电加热装置（李建科　摄）

物理治螨的优点

第一，保持蜂群健康。该治螨过程伴随着蜂群的整个繁殖季节，最大程度上抑制了成年螨的长成，始终使蜂群保持健康的状态。

第二，操作简单。该治螨方法在整个繁殖全过程可以反复操作使用，操作简单，使用方便，不用额外增加蜂农的劳动量。该治螨设备可以连续多年使用，综合治螨成本相对很低。

第三，蜂螨没有抗药性。该治螨方法是物理治螨手段，整个防治不会使蜂螨产生抗药性。

第四，避免蜂产品农药残留。该治螨方法避免了蜂药的使用，整个防治过程不会有蜂药污染蜂产品，蜂产品不会有农药残留。

第五，可以生产雄蜂蛹。该治螨的设备也可以用于生产雄蜂蛹，也可以作为正常的巢脾，储存蜂蜜。

第六，培育良好的蜂群品种。该治螨设备可以保证蜂群在健康状态下进行繁殖，所以培育出的雄蜂是没有蜂螨寄生优化后的雄蜂个体，为分蜂与处女王交配提供了良好的雄蜂父种。

美国采用物理治满的方法进行治螨，但美国不是采用太阳能而是采用汽车电瓶提供动力给雄蜂脾加热（图 7-3），这种治螨方法在欧美逐渐流行起来，但在我国还是新生事物。

药物治螨选择的时期是在蜂螨孵化长成成年螨，已经寄生在蜂群中了，才开始通过喷洒、放置药物，来杀死蜂群中蜜蜂身上的蜂螨，也叫事后治螨。

药物治螨的危害

第一，蜂群处于亚健康状态。蜂螨已经长成成年螨，感染上蜂螨的蜂群已经处于亚健康状态，蜂群生产力已经降低。

第二，通过大量的现场调查发现，使用药物治螨时，在药物治螨后的 2~3 天蜂群的整体表现萎靡不振，几乎没有生产能力，即药物伤蜂。如果用药量没有控制好，要么治螨效果不好，要么治螨用药过量，伤及蜂群导致垮蜂甚至全群覆灭。

第三，存在暴发蜂螨病危机。大量蜂螨已经长成成年螨寄生于蜂群中，蜂群潜在暴发大规模蜂螨病的危机已经存在。

第四，药物治螨是事后治螨，没有从根本上阻断蜂螨的不断生长，治标不治本。

第五，长期药物治螨，蜂螨会产生抗药性，用药的品种及用量会越来越难把握。

第六，药物治螨会污染蜂产品，蜂产品会有药物残留。

专题八
饲养管理机械化

　　蜂群饲养管理是养蜂业高效生产的基础，蜂群管理技术直接影响劳动生产效率和经济效益。本专题总结了我国现行蜂群管理的常用方法，综述了目前国内外蜂群管理机械化采用的方法，这对我国养蜂业机械化和现代化发展至关重要。

一、蜂群不同发展时期和阶段的划分及特点

（一）蜂群不同发展时期和阶段的划分

1. 时期的划分

根据蜂群周年发展生物学特点，在我国绝大部分地区可分为繁殖期和断子期，这两个时期在我国南方的一些地区一年中还会两度出现，如广东、广西和海南等。

（1）繁殖期　在平均气温5~30℃，外界有蜜、粉源流蜜、散粉的情况下，蜂群就能不断采集，正常繁殖，此时期即为繁殖期，又叫活动期。

（2）断子期　当外界蜜、粉源枯竭、气温下降，平均气温较长时间在5℃以下，蜂群就会终止繁殖，被迫进入低温断子期，常称越冬。当气温升高，较长时间平均气温在30℃以上，蜂群也会停止繁殖，被迫进入高温断子期，常称度夏或越夏。

繁殖期和断子期是交替可逆的。当蜜源从有到无，气温距离蜜蜂生活适温过远，蜂群生活就会由繁殖期进入断子期。反之，当蜜源由无变有，气温向蜜蜂生活适温靠近，蜂群又会由断子期发展到繁殖期。

2. 阶段的划分

处在繁殖期的蜂群，根据蜂群发展特点可分3个阶段。

（1）复壮阶段　处在断子期的蜂群，经过恢复繁殖后到蜂群发展强大的，这段时间叫做复壮阶段，根据饲养技术和气候条件不同通常需要1.5~2个月，时间一般出现在外界有较多蜜、粉源开花前后。

（2）强盛阶段　蜂群经过复壮阶段恢复到繁殖期后，到保持强盛的这段时间叫做强盛阶段，大约持续时间因我国气候类型不同差异很大，浙江、江苏、江西、湖北、四川等地长达7~8个月；河南、山东、北京、河北、山西、甘肃等地大约6个月；辽宁、宁夏、青海、新疆、内蒙古部分地区约5个月；黑龙江、吉林和辽宁等地为3个月左右。

（3）渐减阶段　原处在强盛阶段的蜂群，在气温变到较蜜蜂生活适温高10℃或低5℃上下，迫使蜂群减少或停止繁殖，直到新蜂全部出房为止，这段时间称为渐减阶段，需要3周到1.5个月。渐减阶段结束，蜂群又由繁殖期回到了断子期。

蜂群管理是养蜂业高效生产的基础。按照蜂群一年内所处的发展阶段进行相应的管理，称为阶段管理。渐减阶段最短，只需3周到1个多月。阶段管理类似于通常所说的"四季管理"，但又存在许多不同之处，它主要是按照蜂群发展的自身规律进行管理，而不是按照季节机械划分。此外，蜂群发展各阶段出现的时间也不可能和自然季节完全吻合，如复壮阶段出现于寒尾暖头或酷暑过后，渐减阶段处于暖末寒初或盛夏前期。在阶段管理中各阶段的管理目的都很明确，管理方法各不相同。了解和掌握阶段管理理论和方法，并按照阶段进行相应的管理，比四季管理更易养好蜜蜂并取得较好的养蜂效益。

（二）蜂群不同发展阶段的生物学特点

蜜蜂生活繁殖期有 3 个阶段，断子期一般只有越冬一个阶段，但在华南和东南等地区也会出现度夏阶段。在同一个时期里的几个阶段，它们既有共性，又各有特性。

1. 复壮阶段的蜂群特点

复壮阶段所需时间特点一般为北方长，南方短；群弱长，群强短；老王、劣王长，新王、好王短。

本阶段的发展有三个过程：①从蜂王产卵开始到新蜂出房前为有育无羽过程，这时群内都是越冬老蜂，前 9 天是卵虫脾，后 12 天出现卵、虫、封盖子组成的混合子脾，由于此时外界气温低，往往没有蜜、粉源，此时保证第一批子脾发育健康并顺利羽化出房至关重要。②从新蜂出房到越冬老蜂死尽为止为新老交替过程。复壮起始阶段老蜂多于新蜂，此后新、老蜂相当，最后新蜂全部替换老蜂。此时群内子脾除混合子脾外，还有单一的卵虫脾和封盖子脾。③当群内子脾不断增加，新蜂陆续出房，为子蜂增长过程。随着新蜂不断出房，蜜蜂平均寿命增长，群势开始恢复和上升，直到基本强盛时为止。

处在复壮阶段的蜂群有 5 个显著特点：一是蜜蜂数量从多到少，再从少到多，新老更替过程的前中期是全年蜜蜂最少的时期；二是工蜂由老变新，质量有所提高；三是蜜蜂与子脾比例，开始时蜂多于子，后来子超过蜂，最后又变成蜂多于子；四是子脾的数量基本是直线上升；五是后期出现雄蜂子脾或雄蜂。

2. 强盛阶段的蜂群特点

蜂王、雄蜂和工蜂共存，不同年龄段的工蜂齐全，数量至少在 3 万只；蜂王日产卵量多数在千粒以上，单一子脾和混合子脾并存，卵虫和封盖子之比一般为 3 ： 4。

强盛阶段的发展有两个过程：一是强盛蜂群的形成，它是紧随复壮阶段之后，巢内封盖子脾很多，大量封盖子出房，群势持续增强，达到强盛时期，这个时期蜂群容易产生分蜂意念和分蜂热。二是强盛蜂群的维持过程，该过程紧接强盛形成过程，持续时间长短不一，一般为 2 ~ 8 个月，群势基本保持稳定，只是在分蜂热、分蜂建立新分群、粉蜜短缺、病虫危害、长途运输、气候恶劣和农药中毒等因素的影响下会有波动。

强盛阶段蜂群的最主要特点是群势强盛，是开展采蜜、脱粉、产浆、造脾、养王、分蜂等生产活动的主要阶段，所以强盛阶段又称生产阶段。生产阶段越长，养蜂业收益越大。

3. 渐减阶段的蜂群特点

蜂群处在渐减阶段有 3 个发展过程：一是产卵逐渐减少，该过程开始时，蜂王产卵积极，类似强盛阶段，后来蜂王腹部收缩，产卵减少，出房后的空房不再补产，蜂蜜开始往蜂巢中间搬移，此过程还有增加子脾数量的可能。二是停产有育过程，该过程是蜂王停止产卵以后的前 9 天（蜜蜂卵和幼虫共 9 天），巢内还有需要哺育的子脾，这个过程只能使子脾发育得更加健康，已失去增加子脾数量的可能。三是有羽无育过程，该过程共12 天（蛹期发育 12 天后幼蜂出房），巢内没有哺育工作，出房新蜂生理上最为年轻，经过排泄就可作为适龄越冬蜂进入越冬。如果采用人工扣王（把蜂王关在笼子里限产）进行断子，产卵渐减过程不要一天就已完成，实际上全阶段只有后两个过程。如果扣王时巢内卵虫脾多，对提高越冬蜂质量和增加越冬蜂数量都十分有利。

4. 越冬阶段的蜂群特点

越冬阶段的气温，一般都比蜜蜂安全临界温度低，工蜂不能出巢活动，蜜蜂调温的趋势是升高巢温，蜂团中心温度始终保持在14℃以上，冬团外围巢温低，只有6~8℃，为免冻僵，团缘工蜂逐渐往团心运动，团心和团缘工蜂在缓慢地交换位置。蜜蜂以互相传递的方式取食。室外越冬的中午可以短时间出巢排泄，未经饲喂，蜂王不会产卵。

5. 度夏阶段的蜂群特点

度夏只出现在气温高又没有蜜、粉源的南方，度夏的蜜蜂，其机体代谢强度比越冬蜂大得多，所以南方养蜂难在度夏。度夏期巢温接近气温，调温趋势是降温，蜜蜂经常疏散到巢内空隙处，晚上常有大量工蜂爬出巢门聚在一起乘凉，巢内食料消耗较少，出巢飞翔不多。出现度夏阶段的地区，会形成两个繁殖期，强盛阶段很短，对增加生产不利，有条件的地区，应设法消除度夏。

二、复壮阶段的蜂群管理

小知识

蜜蜂群体生物学特点

蜜蜂是社会性群居昆虫，在外界气温合适、蜜源充足的条件下，蜂群就能不断地繁衍生息，维持群体强大，这是进行蜂王浆生产、蜂蜜生产和花粉生产等相关生产的基础和前提，如果蜂群不强大开展任何生产都是纸上谈兵。根据蜜蜂生物学特点，我国蜂群周年生活会表现不同的时期和阶段，这是因为西方蜜蜂巢外活动的安全临界温度为11~14℃，中蜂为10℃，巢内外生活最适温度为20~25℃，巢内子脾发育最适巢温为34.4℃等。我国地域广阔，生态类型很多，既有热带和亚热带气候的华南地区，又有气候严寒的华北、东北和西北地区，严冬和酷暑交替出现，离蜜蜂生活适温太远，超出了蜜蜂自身的调节能力，在外界蜜源枯竭时，蜂群就会出现繁殖和非繁殖阶段。当外界较长时间满足不了蜜蜂生活所需的条件，蜂群就会被迫停止繁殖，进入以断子为主要特征的断子期来度过困难时期。在蜂群生活进入一个时期或跨越一个时期时，必然会表现出不同的生物学特点，这种各具特色的生物学特点就形成了蜂群不同的发展阶段。

蜂群复壮阶段管理的主要目的是排除影响蜂群繁殖速度的内外因素，创造蜂群繁殖的有利条件，加速蜂群的繁殖速度，尽快把越冬或度夏削弱的蜂群恢复强大，提前进入强盛阶段，提早投入蜂产品生产，并争取在当地第一个主要蜜源流蜜之前进入强盛阶段，为充分利用当地蜜源资源创造条件。衡量复壮阶段蜂群管理水平的主要标准是在进入正常的复壮期后，三脾起始繁殖，两个月内工蜂的增殖倍数，一般认为增殖2倍属于尚可，增殖3倍较好，增殖4倍良好，增殖5倍很好。为达到良好和很好的目标，必须加强复壮阶段的蜂群管理。

（一）复壮阶段的起始

依据气候和蜜源特点适时启动蜂群繁殖是复壮阶段的重要环节，也是确保繁殖速度的重要因素之一。复壮阶段起始时间与南北纬度、地势高低、距海远近和冬后复壮、夏后复壮及新分群复壮三种不同类型的复壮阶段相关。根据我国养蜂业生产特点，大多复壮是越冬后复壮，大约起始时间：广东、广西、福建12月下旬到翌年1月中旬，云南、贵州于1月上旬到2月上旬；长江中下游到黄河流域2月中下旬到3月上中旬；北京、辽宁、青海、新疆、内蒙古大部于3月上旬到下旬；黑龙江、内蒙古和新疆北部3月下旬到4月上旬。

（二）复壮阶段的持续时间

复壮阶段一般持续2个月，短的40~50天，长的3个多月。持续时间长短是衡量复壮繁殖是否成功的重要参数之一。

1. 起始繁殖（始繁）时间

从自然温度许可时进入复壮阶段的时间始繁，复壮期较短。从自然温度许可进入复壮阶段时间之前始繁，复壮期较长，因为当时外界环境不利于繁殖，这不只是气温低，寒潮频繁，降温幅度大，而且外界开花的蜜粉源稀少。从自然温度许可进入复壮阶段时间之后的中期始繁，复壮期更短，因为这时气温明显升高，外界蜜、粉源已有开花散粉，甚至流蜜，蜂王又得到较长时间休息，放王后恢复产卵快，幼蜂育成率高。

2. 始繁时群势

起始繁殖群势随始繁群势增强而缩短，因为决定繁殖速度的主要因素有两个：一是蜂王的产卵力，二是工蜂的哺育力。如蜂群强哺育力能得到保障，这样决定繁殖速度的主要因素只有蜂王的产卵力了。

3. 饲养的蜂种

蜂种不同，繁殖速度和复壮阶段持续时间都不同。西方蜜蜂的繁殖速度大都比东方蜜蜂快，所需复壮的持续时间也短。在西方蜜蜂中，意大利亚种的各个地理品种，如意大利意蜂、美国意蜂、澳大利亚意蜂等地理品种的繁殖速度都比其他亚种快。西方蜜蜂的喀尼阿兰蜂、喀尔巴阡蜂、灰色高加索蜂在外界有蜜粉源时繁殖速度也较快。

4. 蜂王优劣

蜂王生理状态对蜂群繁殖速度直接相关，年轻善产蜂王的蜂群较同等群势老蜂王的蜂群繁殖快，甚至比群势比它强的蜂群快，最后群势后来居上，持续时间更短。

5. 饲养方法

巢内饲料适量，奖饲糖浆数量适中、浓度适宜，饲喂成熟蜜脾，保温因群、因时制宜也是加速繁殖的重要措施。

（三）复壮阶段的蜂群管理

1. 繁殖前的准备

复壮阶段场地选择的依据为：一是要有较早的蜜、粉源开花流蜜，如早油菜、早蚕豆、蒲公英、柳树、婆婆娘、野桂花、山茶花等，尤其是粉源。有了丰富的蜜、粉源，不但可以节约饲料，而且还能提高蜂群繁殖情绪，减少盗蜂和疾病的发生，是加速蜂群复壮的重要条件。二是放置蜂箱场所的小气候环境，温暖、高燥、向阳、避风的地方适宜春繁。一般要选择北面遮挡物的小山或矮墙等自然屏障的地方放蜂，可以挡风，没有自然屏障也可编织草帘置于蜂箱后侧，阻挡北风直吹蜂箱，以提高蜂箱周围小气候的气温。三是蜂箱前面应宽敞，有利于蜜蜂飞翔和阳光直射。四是放蜂场应在环境幽静、人畜稀少的地方。

2. 确定始繁的时间

自然情况下，福建、广东、云南于元旦前后确定始繁时间；湖南、贵州、四川于1月中旬前后，黄淮流域于2月中旬，江西、浙江南部、安徽南部于1月下旬前后，东北于3月下旬前后。一般以当地的第一个主要蜜源开花流蜜前的45~60天为宜。由于养蜂技术的进步，在无花期人工饲喂花粉举措已得广泛应用；蜂王浆生产已成为养蜂的主要经济来源，且非大流蜜期也能生产，因此，提早养成强群显得非常必要，而且已具备较好的条件，始繁的时间可以适当提前。具体的时间要根据蜂群的群势决定。一般认为4脾以上的蜂群可以在大寒和立春之间开始，不到1~2脾的蜂群可提早到小寒到大寒之间。由于这段时间正值一年中最寒冷的时节，繁殖中务必注意饲料的质量、保温程度和预防疾病，否则提早繁殖的优势就难以充分发挥。纬度偏大的地区不但始繁推迟，而且群势需要更强，对饲料的质量要求更高，但对解决长期低温阴雨工蜂不能出巢排泄难题比江浙一带等阴雨多的地区容易，所以提早繁殖的条件实际北方比江浙一带更好。

3. 尽快调整群势

蜜蜂经过越冬，对蜂群原在方位记忆，有的已经淡薄，有的已全部忘却，进入复壮阶段前夕是调整群势的好机会，调整工作应在奖饲之前或出越冬暗室以后，尚未认巢飞翔前进行。对群势较强的蜂场可免去这一步，对群势较弱且强弱相差悬殊的，必须进行调整。

4. 及时治螨

蜂王产卵以后 9 天，就会出现封盖子脾，治螨工作必须在子脾封盖前结束。由于这是一年中最早的一期治螨，作用很大，杀死一只螨，相当于 4 个月后的几百只螨。

（四）繁殖蜂群的组织

1. 确定繁殖方案

多年来蜂业工作者认为双王繁殖速度比单王快，因此双王繁殖单王采蜜的模式已运行较久。目前起始繁殖时大多采用单脾繁殖：其一蜂王产子集中；其二蜜蜂高度密集，保温性能好，不容易发生盗蜂；其三可以根据巢内需要及时加脾，缺粉的加粉脾，缺产卵巢房加空脾；其四是营养充足取食方便，子脾和出房新蜂比较健壮。

2. 预加人工花粉脾

始繁前几天，往蜂群加一张实心花粉脾，但不是满脾，约 1/2 即可，也可以按传统的方法加中号空心人工花粉脾繁殖。

3. 放出囚王，密集群势

选择当天最高气温能达 13℃以上的午前，把应该提出的巢脾上的蜜蜂抖落在箱底，让它爬到留着的巢脾上去。留下的巢脾应该没有雄蜂房，育过 3~10 代子，边角可有点蜜的实心人工花粉脾。通过密集群势，从一群蜂的整体看，脾数少了，但从一张脾的局部看，却是蜜蜂密集，子脾集中，有利于保温和哺育。

4. 调进子脾促王产卵

把已产子蜂群内的子脾提到未产子的蜂巢中，没子的蜂群调进卵虫后，工蜂就要设法哺育，这就促进了巢温升高和饲喂蜂王活动，可有效地刺激蜂王产卵。

（五）加速繁殖的蜂群管理

1. 奖饲糖浆

在提早繁殖或外界缺少蜜源条件下，奖饲糖浆在密集群势的当天傍晚就应进行，奖饲的目的是促使蜂群兴奋。待煮沸的糖浆温度下降到40℃时，就可用壶饲喂，每框足蜂喂糖浆0.1千克；先滴少量于蜂团上部的上梁上，再把其余糖浆灌入饲喂器内，为了避免蜜蜂在糖浆里溺死，可在饲喂器里放些稻草、麦秆等救命草。糖浆的浓度是糖水比为2：1，蜜水比为3：2，每天或隔天一次。也可以直接在隔板外加封盖蜜脾，让蜜蜂自动根据需求取食。

2. 做好内外保温

蜜蜂育儿要34.4℃的巢温，而复壮阶段初期的外界气温常在0℃左右，为便于蜂群保持恒温，一方面密集群势，另一方面利用保温物保温。

3. 坚持巢边喂水

复壮阶段气温低，寒潮期间工蜂无法出巢采集，喂水工作和喂糖同样重要。喂的水要清洁，以温开水最好。

4. 适当扩大子圈

刚开始繁殖时，由于只有1个巢脾，为了不发生蜜、卵争脾，脾内储蜜、存粉不要过多，并且要适时加脾。发生蜜压脾时，子圈扩展不开，可把加高的房壁和封盖蜜割去，喷上清水，旁边加一空脾，让蜜搬到新加的空脾里，使原脾的子圈扩大。蜜蜂密集的可以加半巢脾或新脾，甚至巢础框造脾，让蜂王在新脾上产卵。

5. 伺机强弱互补

群势调整后1个月左右，蜂群进入新老更替过程，由于各群蜜蜂生死比例和蜂王产卵量不一。就会出现有的蜂群子多蜂少或蜂多子少现象。这时就打破群界，把子多蜂少群的卵虫脾脱蜂后，加入蜂多子少群去哺育；也可把蜂少子多群的卵虫脾和蜂多子少蜂群正在出房的大封盖子脾对调，以加强子多蜂少群的群势。

6．饲喂花粉

喂粉工作在紧框时就已开始，留在群内的底脾应有0.5框左右的花粉，供本群部分幼虫取食。为满足子脾的幼虫营养需要，第一次加的脾上应有0.2~0.5框花粉，一般天然花粉脾为最好，如没有也可以人工制作花粉脾，但花粉最好是天然的。

7. 加巢础框造脾

在外界蜜源开花流蜜，发生蜜压脾时，可加巢础框造脾，这时群内蜂王也喜欢在新脾上产卵，而工蜂又不乐意往新脾储粉装蜜，所以不但造脾快，雄蜂房少，而且子圈面积大，是解决蜜卵争脾矛盾的好办法。加脾的位置一般在边二和边三之间，群弱脾紧的也可以在边一和边二之间。每一次造脾 1 张，第二次造脾必须在前脾造好或产上卵后再加。

8. 提早培育新王

本阶段开始时群势强，没有双王群或双王群少，要提早育王。这些王主要用于调换复壮阶段出现的劣王和解除强盛阶段初期的分蜂热。用于大量分蜂、换王和组织双王群的新王，应在强盛阶段培育。

9. 分批添加继箱

复壮阶段，要求在第一个主要蜜源到来前 10~15 天结束，加上继箱，进入强盛阶段。

（六）预防蜂群发生春衰

1. 无病先防，有病早治

从冬季开始的复壮阶段，有育无羽过程的气温很低，又没有蜜、粉进巢；新老更替过程，虽然气温有所回升，但仍处在低温季节，同样没有蜜源，寒潮频繁，阴雨天多，蜜蜂密度下降，哺育任务加重，极易发生欧洲幼虫腐臭病、美洲幼虫腐臭病、囊状幼虫病等幼虫病和孢子虫病、麻痹病、副伤寒病等成年蜂病。

如果养蜂场环境优越，没有发病史，周围也无病蜂场，只要注意养蜂场卫生，可免除药物预防工作，以免破坏蜜蜂肠道的正常微生物系统，降低抗病能力。环境条件一般，过去有过发病史的养蜂场，容易发病季节，对易发的常见病和原先发生过的疾病，在生产季节到来前，应进行针对性的药物预防，一般用药 2~3 次，每次间隔 2~3 天，结合奖励饲养进行。用药量比治疗量要低，在预防疾病上有积极作用。此外日常工作和蜂群检查时，要留意巢内外情况，发现花子脾，失去光泽的幼虫和异常的工蜂，都要及时进行检查，寻找病因。如是病原体引起的，都要贯彻治早、治少的方针，尽快进行治疗，对未发病的蜂群也要进行全面预防，以免蔓延扩大，造成严重损失。

2. 处理好蜂脾关系

蜂脾关系由蜜蜂在巢脾上栖附的密度决定。一张脾上爬满蜜蜂，看不见巢房，又不重叠，称作蜂脾相称，大约有（空腹）工蜂3 500只，每个脾上栖附的工蜂超过3 500只的称蜂多于脾，不到3 500只的称蜂少于脾。

复壮阶段开始，经过密集群势处理，蜂群都处于蜂多于脾状态，这为日后的保温、加脾饲喂等许多工作赢得了主动，也为防止春衰奠定基础。但是蜂脾关系并不是一成不变的，相反，由于各个过程的推移和饲养管理措施的实施，蜂脾关系都有很大变化，管理中必须根据要求掌握好分寸。有育无羽过程前期，一定要保持蜂多于脾。该过程后期，通过加脾，使其变成蜂脾相称。这样做，既有利于保温，又不致造成产卵受限。新老更替过程前期，随着巢脾增加，子圈扩大，蜂脾关系由蜂脾相称逐步变成蜂少于脾；该过程中后期，由于新蜂比例增大，哺育能力增强，外界气温回升，相应加脾速度加快，蜂脾关系始终处在蜂少于脾状态，每脾附蜂2 000~3 000只。

3. 因时伸缩蜂路

蜂路在蜂群生活中作用很大，在复壮阶段管理中应随时调整。复壮阶段蜂路变动的要求是由宽到窄再到宽。

4. 过好长期低温阴雨关

这是我国长江以南、南岭以北和长江沿江地区特有的一种蜂群管理，是复壮阶段最难处理的技术。在连绵阴雨前添加整张的花粉脾，并且喂足温度、浓度适宜的蜂蜜糖浆；同时坚持每天喂水，使蜂养成巢边吸水习惯，以减少弃子损失。连绵阴雨前，蜂脾相称的蜂群，不具备加粉脾的条件，可以把花粉做成花粉饼或花粉条，放在巢框上梁饲喂，在低温阴雨中途还应补喂一两次，保证花粉不致短缺。

（七）快速增殖蜂群

快速增殖蜂群是根据中小蜂群具有单位蜜蜂繁殖速度快的群体生物学特性，并根据这一原理在复壮阶段和其他蜜蜂活动季节实施快速增殖的方案和过程。在复壮阶段快速增殖蜂群的具体途径主要可通过如下三条来实施：一是提前到广东、福建等地繁殖复壮；二是在浙江、江苏、湖北等全国各地适当提前繁殖，提前进入复壮阶段，在条件比自然进入复壮阶段前后开始繁殖较差的情况下，又要尽力缩短复壮阶段；三是蜂群复壮后，离第一个主要蜜源流蜜还有一段时间的前提下，采用早养王早分蜂和多养王多分蜂的方法增殖。可在暮春、夏季和秋季的活动期的强盛阶段增殖蜂群，也可在复壮阶段进行，但和复壮阶段比较，老王未经休息，产卵积极性较差，但新王有产卵积极性高的特点，可以酌情利用，具体实施一般可采用两种办法。

1. 蜂箱、巢脾、饲料和资金欠足的做法

把蜂群分成分蜂组和供应组两个组。两组群数相近，分蜂组要不断组织交尾群，新王产卵后，一方面把原群用两分法分蜂，新分群诱入一新王；另一方面把提走新王的交尾群合成分蜂群；分蜂群达6~7脾时，抓紧产蜜、造脾、产浆和分蜂。供应组在保持原群强盛的前提下，一方面可抽出一些封盖子脾去补助新分群；另一方面在高产稳产蜜源流蜜前十余天，可抽取分蜂组部分封盖子脾来加强供应组，或者去加强部分新分群，使其成为生产群，以扩大供应组的力量，以便更好地为分蜂组多造脾、多育台去支持分蜂组。花期结束后，又要化整为零，去补助分蜂组群势，也可自身自行分蜂，加强和充实分蜂组力量，以加快增殖速度。

2. 蜂箱、巢脾、饲料和资金较足的做法

除留4~5箱种用蜂群培育雄蜂和育台外，其余蜂群都用于连续分蜂，方法和前述的分蜂组同，并及时添加巢脾，补足食料，种用群要不断培育雄蜂和王台，以满足不时分配交尾群和补台的需要。

快速增殖过程中，小群不会发生分蜂热，产卵范围小，速度快，蜂螨寄生率下降，危害减轻，强群有大量的卵虫脾可补，有分蜂热也易解除。在蜜源良好的条件下，一年一个越冬原群可以增殖十几倍，即变成十余箱是完全可能的。本方法可用于要扩场的蜂场或用于垮台后蜂场的恢复。

三、强盛阶段的蜂群管理

我国生态类型多样，地理纬度差异甚大，使我国蜂群全年的管理地区差异很大，北方地区的隆冬却是华南的冬蜜生产季节。有些地方一年中几乎没有断子期，还有福建、广东、广西和海南等地区一年中还会出现两个断子期和两个繁殖期，出现两个繁殖期持续时间很短，因此，强盛阶段的持续时间差异甚大。长江以南可达 7 个月以上，从春季的 3 月到冬季的 11 月，贯穿春、夏、秋、冬四季，长江以北黄河以南的河南、河北、湖北和山东等地，大约 6 个月，黄河以北的华北地区和内蒙古、宁夏、青海、新疆等地 5 个月，东北地区 3~4 个月。具体的持续时间因具体的地点，会有一些不同。这阶段的主要任务是千方百计维持强群；同时争取在流蜜期获得蜜、浆、蜡等各种产品，提高经济效益；在非流蜜期继续开展蜂王浆、花粉、蜂毒等产品的生产，尽可能增加养蜂收入。

（一）强盛阶段的形成

1. 由弱群繁殖而成

由弱群繁殖而成的强群有三种方式：越冬后复壮阶段繁殖而成，夏后复壮阶段繁殖而成和新分群繁殖而成。通过冬后繁殖复壮这种方式进入蜂群强盛阶段的蜂群比例最大，大约在 80% 以上。由于蜂群出现度夏在我国并不普遍，主要出现于低纬度的无蜜源高温区，因此，由夏后培养成的蜂群强盛阶段较少，主要出现在华南和海南等地，而且时间较短，生产力较低。由新分群繁殖成的强盛蜂群，主要出现在北方部分，主要蜜源在秋季的地区，采取早养王、早分蜂，把新分群培养成强群，其目的是集中兵力去主攻主要大宗蜜源，以期取得较高的经济收入。

2. 集中子脾拼蜂组织而成

这一方法采用也较普遍，主要用在复壮阶段后期，大宗蜜源将要开花流蜜，而群势却达不到强盛阶段的标准，就采取从不同蜂群集中封盖子并进行合拼成年蜂等手段，使部分蜂群变成强群而进入强盛阶段。转地饲养的蜂场，在出运前，把过强的蜂群过多的封盖子脾，从各群抽调到几群内，加上继箱，子脾出房后，就成了标准的强群，用这种方法使部分蜂群进入强盛阶段，不但增加了生产群，而且也易防止蜂群运输途中闷死。

（二）强盛阶段的维持

强盛阶段是实现蜂产品高效生产的关键阶段，采取一切必要管理措施维持强群，要长期维持强群，主要应抓好增加蜜蜂数量和提高蜜蜂质量两个方面。具体可以从下述几个方面着手。

1. 及时更换劣王

优质蜂王是饲养强群和维持强群的主要措施，尤其是单王群，蜂群内的所有工蜂都是蜂王产的，如果产卵量不足，培育出来的工蜂不多，群势由于死多生少，就会不断下降，难以培育强群和维持强群。

在日常蜂群管理中，由于强群本身蜜蜂数量很多，优良的蜂王，完全可以发挥产卵力。如在良好蜜源条件下，发现产卵量少，除非发生分蜂热，不论是新王、老王，都是不理想的，要及时更换。如果发现一个巢房产数卵，或者产卵脱空，有的巢房有卵，有的巢房没有，不是连成一片的或者把卵产在房壁上的都是不正常现象，应及时把蜂王更新（图 8-1）。

图 8-1　新蜂王（颜色浅者）和老蜂王（颜色深者）（李建科　摄）

2. 维持较多的子脾

蜂群有了优良蜂王，也饲养了一定量的双王群，不等于蜂群里就有较多的子脾。在子多王好的基础上，要增加群内子脾，还要做好蜂群的调整工作，把可以产卵的巢脾及时调到产卵区，让王产卵；发生蜜压脾时要用巢础框或新脾放到产卵区让蜂王产卵；群势强、蜜粉足时，还要加强通风等措施，防止分蜂热产生，一旦发生就必须及时解除。蜂王老劣，必须及时更换好王，以刚产卵的新蜂王为好。外界温度过高、蜜粉源缺乏等环境条件较差时，应设法人为创造条件，促进蜂王产卵，以达到有较多的子脾。经过上述各种方法的努力，子脾仍然不多，如果不是群势基础过弱，可以从副群或双王群里抽调卵虫脾补充，使一个强群能始终保持5~7足框子，一般就能保住强群（图8-2）。

图 8-2　健康优良的子脾（李建科　摄）

3. 保持食物充足

强大的蜂群都要消耗大量的蜂蜜和花粉等食物。成年蜂尤其是刚出房的新蜂以及幼虫，都要消耗很多食料。在流蜜期，所消耗的这些食料都在取蜜量里抵消了，大都忽略不计。但是，在非流蜜期饲料消耗较多，必须及时补充。饲料不足，会影响蜂王产卵积极性、幼虫的健康发育和工蜂的寿命。

强壮的蜂群应有 1 个以上蜜脾的储蜜，1 足框以上的花粉。双王群子多的还要更多一些，达不到上述数字，表明饲料不足，必须及时补喂。奖励饲养也应在保证上述食料储存的基础上进行。

4. 重视防病治螨

强盛阶段，虽然蜜蜂抗病力增强了，但仍然需要贯彻防重于治的策略。该阶段的常见病有美洲幼虫腐臭病、孢子虫病、白垩病、麻痹病等。中蜂还易发生囊状幼虫病。同时对蜂螨要时刻关注寄生率，巢房寄生率和成蜂寄生率高的都要提前防治。

5. 加强蜂群管理

蜂群的强弱取决于出房的工蜂数量和工蜂的寿命，要维持强群不但要增加出房的工蜂数量，而且要设法延长工蜂寿命。如果工蜂的寿命都是 42 天，每天平均出房 500 只工蜂，群势应是 2.1 万只；每天出房 1 000 只工蜂，群势约为 4.2 万只；每天出房 1 500 只工蜂，群势可达 6.3 万只。如果出房的工蜂每天 1 000 只不变，群势就依赖于工蜂寿命了，工蜂寿命 21 天，群势为 2.1 万只，寿命 42 天，群势即达 4.2 万只，寿命长达 63 天，群势也能达到 6.3 万只。所以必须加强科学管理，根据蜜蜂的生物学习性，蜂群需要什就提供什么，做到人不离蜂，蜂不离花，尽可能增加出房工蜂数和延长工蜂寿命，这是科学管理的根据和出发点，也是维持强群的关键。

（三）双王群的管理

双王群具有繁殖快、不易出现分蜂热等特点。双王群可在不增加蜂箱的条件下，能育成和维持强群。在合理的管理措施下，亦能提高蜂蜜和蜂王浆产量。

1. 双王群的组织

双王群有几种组织法，其中最常见的是在郎氏标准箱正中安上闸板。箱前壁下缘和箱底板之间的巢门通道，在闸板处塞进一块三角形木块，木块高度和前壁下缘与箱底板距离相同。把巢箱分成左右两室，每室放 3~5 个巢脾，每室养 1 只蜂王，先行巢箱饲养。蜜蜂增多后，在巢箱上加隔王栅，把蜂王限制在巢箱里活动和产卵，称产卵区。继箱供给工蜂栖附、产浆、储蜜和育子出房，称生产区。继箱上的工蜂可通过隔王栅于巢箱的两室相通，也可出巢采集。这就成了工蜂可互相接触，蜂王互不见面的双王群。

2. 双王群的管理

在需要蜂王产卵时，可把产卵区的大子脾提到生产区，把正在出房的老熟封盖子脾或空脾加到产卵区让蜂王产卵，连续调换几次，就在生产区充满子脾。在缺蜜期必须及时增补蜜、粉食料，以满足子脾发育的营养需要。蜂场中只饲养1/2双王群的，还可把产卵区的卵虫脾抽去补助其他单王群，以加强单王群的群势。

在不需要蜂王产卵时，不要把巢箱里的子脾调到继箱里，也不再往产卵区加空脾，使产卵区的每室保持 3~4 个子脾，生产区只留一个子脾或不留子脾。这时群内育儿负担减轻，单位蜜蜂的采蜜能力增强，可以提高蜂蜜、蜂王浆产量。为了使流蜜期一开始就具备高产的条件，在流蜜期开始前一星期就应限制蜂王产卵，停止产卵区和生产区交换巢脾。

双王群子脾多，封盖子脾也多，封盖子出房时，要消耗很多饲料，转地饲养前的饲料留量要比同样群势的单王群多。不要以蜂群的总重量来衡量巢内食料，双王群重的原因，不是储蜜过量，往往是封盖子的重量影响，封盖子出房时，会消耗很多饲料，极易造成巢内储蜜、存粉不足。饲料不足，出房的新蜂营养不良，寿命较短，途中放蜂也易飞失，对维持强群不利。

全场饲养双王群的蜂场，每个双王群内的两只蜂王品种可以各异，如一只用产浆力强的蜂王，另一只用采蜜力强的蜂王，也可由不同亚种的蜂王构成。这样可根据不同时期和要求，有重点地让其中一只蜂王多产卵，以多培育特定需要的工蜂，在某个时期又可让另一只蜂王多产卵，以便取得各种产品的丰收。由于蜂王得到过休整，产卵力容易发挥，可充分体现双王群的优势。

（四）预防和解除分蜂热

分蜂热是蜂群自然分蜂前的酝酿过程，处在分蜂热状态的蜂群，蜂王产卵减少，工蜂工作怠懒，不利维持强群，必须进行预防，防不住的必须及时解除。蜂群需要增殖，可通过有计划的人工分蜂来完成。

1. 分蜂热的预防

促成分蜂热的主要因素有两个：一是蜂群状况，二是群内外环境条件。

其中最主要的是蜂群内泌浆工蜂剧增，蜂王物质对工蜂行为控制失去平衡，工蜂方面处于优势，以及其他巢内外环境条件影响而引起的。

预防分蜂热的发生可采取如下措施：首先要饲养分蜂习性弱、容易维持强群的蜂种。其次要提高蜂王质量，使用优良的低龄蜂王，也可饲养部分双王群、主副群。这时使用的优良新王在复壮阶段培育，才能赶上强盛阶段运用。再次可抽出强群内过多的封盖子脾，使其保持 5 足框左右，同时加回空脾，巢箱保持 7~8 个巢脾，或撤去隔王栅，运用双箱体繁殖，满足蜂王最大产卵量的需要；或者调进卵脾，增加群内哺育负担。第四是在流蜜期应不失时机地加新巢础造新脾，同时长期开展蜂王浆生产，充分利用泌浆潜力，增加工蜂的工作负担。炎热地区的炎热季节开大巢门和掀起草帘一角加强通风；蜂箱上面搭棚遮阴，或把蜂群放到竹园、树荫下，坚持给场地和箱壁喷洒凉水，以降低小气候的气温。适当增加蜂巢内的空间，防止蜜蜂过分拥挤，保持蜂脾相称状态。在分蜂季节每隔 6 天检查一次蜂群，及时破坏所有王台，约隔 12 天割雄蜂 1 次，防止大量雄蜂出房，尽力断绝发生分蜂热的基础，以防出现分蜂热。通过上述努力无效或其他原因造成的分蜂热，必须及时解除。

2. 分蜂热的解除

解除分蜂热就是采用适当管理措施铲除引起蜂群发生分蜂热的因素。根据蜜源条件和群势强弱，酌情处理产生分蜂热的蜂群，使其恢复常态，不再发生分蜂热。解除分蜂热可采取如下方法。

（1）加卵虫脾　把产生分蜂热蜂群的封盖子脾全部抽出，留下卵虫脾。同时从新分群、交尾群或其他卵虫多的弱群，抽来卵虫脾加给蜂群哺育，使每足框蜂负担一框卵虫脾，加重工蜂哺育负担，增加蜂王浆消耗，以解除分蜂情绪。

（2）扩大蜂巢　先把继箱搬下，把巢箱里的王台全部破坏，再加上一个放有几个空脾和巢础框的继箱，再盖上隔王栅，隔王栅上叠回原来的继箱。使原蜂巢分成上、下两层，容积扩大很多，并为蜂王上中间继箱产卵创造了条件，极易把分蜂热解除。

（3）模拟分蜂　把放有空脾的一套蜂箱，放于有分蜂热蜂群的位置，距起落板前3米左右地方放一块副盖，并使起落板一头翘起。把该群的蜜蜂全部抖在巢前的副盖上，让它们爬入准备好的蜂箱内。把卵虫脾上的王台破坏后放回原群，其余封盖子脾寄存其他群。

（4）调入空脾　在流蜜开始时，可把分蜂热严重的蜂群的全部子脾提出，换入空脾，使蜂群感到后继无蜂，不再具备分蜂条件。再加上流蜜日趋汹涌，促使蜜蜂采蜜本能增强，就会解除或减弱分蜂情绪。

（5）提出蜂王　分蜂热高峰期，破坏王台已无济于事，可把蜂王和两个正在出房的封盖子脾提出，放入一个平箱里，摆于原群箱盖上或蜂箱边上，几天后蜂王腹部放大，产卵恢复到原来的积极状态，这时再把原群的王台全部破坏，过后并入原群。

（6）对调箱位　在流蜜期，把闹分蜂热群的王台全部破坏，并于当日工蜂出巢采蜜的高峰期，与没有分蜂热的新王弱群对调箱位，然后再给弱群补些空脾。闹分蜂热的蜂群，由于失去了大量的工作蜂，分蜂热一般就能解除。

四、渐减阶段的蜂群管理

渐减阶段一般和当地最后开花的重要蜜粉源植物花期相吻合，如荞麦、胡枝子、瓦松、向日葵、一枝黄花、枇杷、茶叶花等，我国大部分地区出现于秋季。长江沿江及以南，一般在 10 月以后；黄河沿江和长江之间一般在 9~10 月；华北、西北大部分地区以及北京是 8~9 月；东北三省一般在 8 月。本阶段需要 21 天到一个多月，一般以 21 天为好，但必须在群内有较多子脾时关王，因为这些子脾在 21 天内全部出房，从此不要哺育，且巢温可以下降到 14℃，不要为维持育儿恒温耗蜜伤蜂。本阶段的任务是为蜂群越冬和复壮阶段，培育数量多质量好的越冬蜂；储足越冬食料，为安全越冬做好准备。

（一）培育健康适龄越冬蜂

本阶段的工作重心，已由强盛阶段的生产为主转移到繁殖为主。为了能培育出数量多、质量好的越冬蜂，可以停止蜂王浆生产，运用复壮阶段管理的某些措施去实现本阶段的奋斗目标。适龄越冬蜂是出房后经排泄又未参加哺育和采集工作的蜜蜂。根据这一要求，在管理上必须采取相应的有效措施。

1. 选择场地

培育越冬蜂的场地，周围应有蜜、粉源流蜜散粉。没有蜜源，起码应有粉源。即使蜜、粉源都没有，要培育越冬蜂，巢内必须要有充足的蜜、粉。摆放蜂群的场地，要求高燥、避风、向阳或半阴半阳，不宜放在全阴的地方。

2. 狠治蜂螨

本阶段初期的蜜蜂，是越冬蜂的保姆蜂，其身上的蜂螨必然要转寄越冬蜂，所以必须狠治，使其寄生率降至最低水平。如果治螨影响了工蜂寿命，这些工蜂并非越冬蜂，而蜂螨少了，更易使正在培育的越冬蜂发育健全，寿命增长。狠治蜂螨应在本阶段初和强盛阶段末进行。

3. 平均群势

研究表明，真正的适龄越冬蜂是最后出房的 4~5 个子脾。这些子脾，中等群就能培育，而且在蜂脾相称的情况下，子脾发育健壮。一个强大的继箱群，可以有很多子脾，但是先出房的子脾，5~6 天后就参加后来子脾的哺育工作，所以就不是适龄越冬蜂。因此，培育越冬蜂时，可把继箱群拆成两个平箱，无王的平箱诱入一只蜂王，也可把满箱的平箱抽出 2~3 个封盖子脾，用于组织新分群，留下 6~7 个脾投入繁殖。通过平均群势，由两群一只蜂王拥有 6~7 个脾的蜂群投入繁殖，比一个继箱大群投入繁殖所育出的越冬蜂总和要多。为了满足平均群势需要，蜂王要提早培养，老王也可先用一下，直到越冬时再淘汰。

4. 紧框奖饲

繁殖开始时，抽出部分巢脾，留下 1~3 个提供蜂王产卵的空脾，保持蜂多于脾状态。同时用稀薄糖浆进行奖饲，促进蜂王积极产卵，尽力使圈扩大到八九成。然后加强饲喂，使蜂巢出现新蜡，满足子脾营养需要。在这基础上，开始加脾，满足蜂王产卵需要，加脾的方法类似复壮阶段，先加边上，产卵后移往子脾之间，随着巢脾增加，工蜂密度下降，达到蜂脾相称时就应减少加脾。

5. 调节温度

本阶段处于秋末初冬，气温渐低，且波动大，晚上常降到 10℃ 以下，所以要进行保温，尤其是较弱的蜂群，必须严密保温。这时晴暖的中午，气温又会升至 20℃ 以上，所以又要适当扩大巢门，加强通风，才利于蜂巢保持繁殖所需的恒温。

6. 及时断子

运用紧框、奖饲、保温加脾等措施后，子脾达 5~6 个时，发现蜂王产卵速度开始下降，蜂脾关系渐趋蜂少于脾。头一批子出房时，就应关住蜂王，使新出房的工蜂不致参加最后这些子脾的哺育工作，确保所有出房的新蜂保持生理上年轻，都成为既能安全越冬，又能为复壮阶段培育第一代新蜂的适龄越冬蜂。

7. 增强越冬蜂体质

越冬蜂的数量和质量是影响蜂群越冬成败及次年初复壮阶段发展快慢的关键因素，是一对对立和统一的矛盾。在某种意义上越冬蜂的质量比数量更为重要，在培育越冬蜂中必须设法提高越冬蜂素质。具体应注意 3 个问题：一是子圈扩大后，要加强饲喂，使子脾发育健康。二是越冬饲料应在新蜂刚出房时喂足，由于新蜂出房会消耗很多蜜、粉，巢内子脾以外还应有几个大蜜、粉脾，才能保证子脾出房后食料仍然充足，可以避免越冬时补喂越冬饲料这一弊病。三是新蜂出完后 8 天内，巢内有较多的蜂粮，满足出房工蜂继续生长的需要，以增加工蜂体内氮的积存，延长工蜂寿命。

8. 培育新王

应在渐减阶段初期培育好王台和组织交尾群，强盛阶段后期培育出雄蜂，在本阶段前期交尾成功产卵。让这些新育成的蜂王参与培育当年的适龄越冬蜂，同时能为越冬提供年轻健壮蜂王。

（二）留足越冬饲料

充足优质的饲料是蜂群安全越冬的重要条件。越冬的饲料量由越冬期长短决定，每足框蜂的越冬蜜，北方要 3 千克（1.5 个蜜脾）左右；浙江一带由于只有 2 个多月的越冬期，2 千克已足够。这些越冬蜜必须在进入越冬前留足，具体方法是：有自然蜜源的地方，在最后一个蜜源流蜜期，选留 2~3 个巢框结实的巢脾，蜂蜜储满后，置于继箱一侧，不要摇取，到第 2 次取蜜时，已经成熟，可以提出存于空继箱里，到渐减阶段将结束时，放入蜂巢。如果最后一蜜源流蜜不稳定，蜜脾应在最后一个蜜源的前一个蜜源留足。没有自然蜜源的蜂场，在渐减阶段中期，就要用上等白糖饲喂，直到喂足为止，糖浆的糖水比为 2 ∶ 1。如果有蜂蜜的应用蜂蜜做越冬饲料，蜜水比为 5 ∶ 1。几天内喂足，喂蜜要严防盗蜂。在关王越冬的条件下，越冬饲料中还应有些蜂粮。

五、越冬阶段的蜂群管理

越冬阶段持续的时间南短北长。有的地方 1 个月左右，有的地区几乎没有越冬，南岭以北到长江以南 2~3 个月，长江以北至黄河流域 3~4 个月。华北北部以及新疆、辽宁、内蒙古大部分地区 4 个月左右，吉林、黑龙江省约 5 个月，哈尔滨以北的广大地区长达半年之久。越冬的主要任务在于延长工蜂的寿命，减低死亡率，减少饲料消耗。这种保存实力的工作非常重要，管理不妥，就会导致越冬失败，给翌年复壮阶段的繁殖增加困难。

（一）越冬前的准备

1. 补足越冬饲料

越冬饲料必须充足，使蜜脾的上部全部封盖，下部只留少数空房，迫使蜜蜂在巢脾下部结团，这种蜂团距巢门近，空气交流方便，防盗能力强，温度比较平衡，太阳直射箱盖，蜂团不易受热，蜜蜂安静，取食容易，蜂团中工蜂位置交换方便，有利提高越冬蜂的成活率，减少饲料消耗。

2. 抓住晴天治螨

蜂群断子以后，进入越冬阶段，蜂螨全部转移到工蜂体表，这时是治疗蜂螨的最佳时机。蜂螨已由危害蜜蜂子脾为主转移到危害成蜂，用它的刺吸式口器，刺入蜜蜂的节间膜吸取血淋巴过活，所以必须抓住此关键时期治螨。

越冬阶段初期，虽然气温较高，但常在蜜蜂安全临界温度以下。阴天治螨，不仅药液不易蒸发，而且容易冻僵蜜蜂。只有晴天中午，气温较高，常在安全临界温度之上，必须抓紧此时治螨。隔天一次，连治 3~4 次，直到没有蜂螨落下为止。

3. 淘汰劣王，合并弱群

蜂王在越冬期停止产卵，蜂王好坏看似无关紧要，实际上对蜂群是有影响的，所以已完成培育越冬蜂的老、劣蜂王，这时可以淘汰，把蜂群合并给邻群。如果老、劣蜂王的蜂群群势较强，可和弱群合并在一起，或重新介绍一只好王。

4. 合理布置蜂巢

断子后的越冬蜂群，弱群在 12℃ 以下，强群 7℃ 以下，就在靠近巢门的位置结成冬团。冬团上缘和下方稍松，是气门。巢脾的空巢房里，钻进蜜蜂，能增厚蜜蜂密度，加强抗寒能力。冬团依靠吃蜜、运动产热维持其外围 6~8℃、团心 14℃ 以上的巢温。冬团外围的蜜蜂，全部头朝团心，并受寒气刺激而缓缓地向团心行进，团心蜜蜂退到外围后，又重复上述动作。整个蜂团又随着食料消耗先向上再向后渐渐移动。蜜蜂的食料靠互相传递供给，这能维持蜂团相对安静。根据蜜蜂冬团运动的上述习性，蜂巢布置要大蜜脾在外，中蜜脾在内，并对准巢门，使脾距加宽到 13~15 毫米，让蜂团集结于中间的下前方，便于按规律运动和减少外热影响。全部大蜜脾的，可使蜂群保持蜂多于脾状态，团集于巢脾下缘，有利延长工蜂寿命。

5. 冬前蜂群摸底普查

越冬前期的蜂群情况，可借治螨之机，逐脾了解各群的大体情况，尤其是蜂王和饲料情况，避免因盗蜂或其他原因造成蜂群饿死。这一工作在越冬前中期就要注意，可以从巢脾上部、箱底观察和局部抽查来了解，以免发生意外。为了给新手掌握规律提供资料，越冬正式开始时，要进行一次全面检查，记录蜂群的蜂量、饲料、蜂王、巢脾等情况，其中对个别有待解决的问题，加上备注，以确保越冬安全。

（二）室外越冬的蜂群管理

把蜂群放在室外场地里越冬称室外越冬。这是我国大部分地区传统的越冬方法，已积累了丰富的经验。但要提高越冬成效，还应因地制宜地做好各项工作。

1. 南方地区室外越冬管理

选好越冬场地。越冬期分前、中、后三期。前期应放在没有任何粉、蜜源，地势高燥，场地避风和半阴半阳的落叶树下。中后期应放在高燥、避风、向阳、安静的场所。全期，包括前期都不应放在全阴的地方。实践证明，阴处比向阳处死亡率高，此外还易得大肚病。治螨时工蜂不易散团，效果差，后期如不搬移的效果更差。

2. 因群制宜进行内保温

越冬前期，气温不太稳定，群内不必保温，副盖上加一草帘即可。越冬中期，根据群势强弱，依次进行轻保温，群势1.5千克以下的先保温，1.5千克以上的后保温，长江以南，巢内塞些草把，不要塞满。不管群势强弱，都不做外保温。东北等严寒地区，要做外保温，一般不做内保温。弱群箱内要塞满保温物，以防外围工蜂冻死。

3. 调节蜂脾关系

越冬前期，为减少蜜蜂活动，以蜂少于脾为好。但要严防盗蜂乘机而入。中后期，随着气温下降，要保持蜂脾相称。尽管这样，因蜂路较宽和巢温不高，边脾蜜蜂并不厚密。可利用低温的晨间，开箱查看，把无蜂栖附的边脾紧缩出，以防升温后爬到边脾的蜜蜂，因突然气温骤降猝不及防而落伍冻死。

4. 严防蜜蜂饿冻致死

越冬中后期，南方蜂场应逐箱启盖，观察有无封盖蜜，以防饿死。一般不应抽脾检查，以减少震动，造成耗蜜和扰乱。下雪天，巢门前要挡上草帘，防止工蜂趋光出巢冻僵。

（三）北方室外越冬

室外越冬的蜂群要做到脾少、蜜多、蜂多、蜂路大。单箱室外越冬蜂群群势不能低于 3 框蜂。2~3 群合箱越冬不能低于 2 框蜂。

1. 草埋室外越冬

要事先做好高 660 毫米的围墙，围墙的长度可根据蜂群的数量决定。如果春季需要继续用围墙保温，3~7 群为一组较为合适。每组群数过多，在排泄时容易拥挤。围墙可用土坯、石头、木板做成。在围墙里垫好草后，把蜂箱抬入排齐。包装的厚度是：蜂箱后面 100 毫米，前面 66~85 毫米，各箱之间 10 毫米，蜂箱上面 100 毫米，然后再覆盖湿土 20 毫米，包装时要把蜂箱覆布后面有蜜蜂的一角叠起，并要在对着叠起覆布的地方放一个 60 毫米粗、130 毫米长的粗草把，做通气孔，草把上端要在覆土之下。包装用的填充物以麦草、谷壳、锯末为宜，原则上要求细碎和干燥。潮湿的草是不能用来做保温物的，否则就起不到保温作用。包装当天完成，包装后要仔细检查，遇有孔隙要用土培严，所培的土在夜间就会冻结，能防止老鼠侵入。只进行一次包装的可在 11 月中旬完成，有防鼠作用。锯末做保温物可分批包装，第一次 11 月上旬，第二次 11 月下旬，在 12 月初包完。

2. 室外越冬蜂群管理

室外越冬蜂群，若是越冬蜂健康，且群势较壮，蜂群蜜足质优，从进入越冬期直至排泄，只要做到温度高时不伤热，即冬团不散；温度低时箱内有轻霜而无冰冻，越冬就会成功。

（1）巢门大小调节 从包装时起到11月下旬要完全打开。12月初要挡上大门留小门，12月末全挡上。到翌年1月初在箱门外面还要松散地塞一些遮挡物。2月初将箱门外遮挡物撤除，2月末开小门，3月上旬可视情况使用大门。

（2）遮阴和培雪 从包装日起到排泄前，都要用大盖、副盖进行巢门遮阴，防止晴天飞出冻死。冬季温度达到-30℃时，也就是在12月末左右要培雪，培雪能防止草埋越冬群进入老鼠，也能增加室外越冬的保温效果。雪下的温度比外温高得多。培雪时，除蜂箱前壁外其余全培上，厚10~30厘米。春季积雪开始融化时，要先把蜂箱上面的清除。在排泄前的半个月左右再清除后面和两侧的积雪。

（3）掏清死蜂 越冬的前期除调节巢门外，一般不用做其他的管理，到了后期要每月掏一次死蜂。掏死蜂时，如果发现巢门结冻，巢门附近的蜂尸已经冻实，而箱里面蜂尸没有结冻，这是越冬温度正常的标志。箱门没冻则温度高了，反之，箱底全部蜂尸都冻实了，则温度低了。热时加强通风，冷时减弱通风，方法是伸缩或关闭巢门。

（4）检查和关王 室外越冬蜂群，原则上要求包装后蜜蜂不应飞出蜂巢，如有飞出，说明箱内温度高，要开大巢门加强通风，遇到特热天气，可打开箱上部的部分保温物，以利排除热气。室外越冬的蜂群整个冬季不开箱检查。但若初次室外越冬，没有经验，应在2月检查一次。扒开上部的保温物，逐箱查看，若蜂球在中前部，巢脾后部有大量的封盖蜜，蜂团小而紧，说明越冬正常。如果蜜已吃完，要补给蜜脾，同时检查蜂群，把蜂王关进竹丝王栅笼中，挂于蜂团正中，防止蜂王提前产卵和冻死，然后再重新做轻度包装，继续越冬，直到排泄。

（四）室内越冬的蜂群管理

1. 南方暗室越冬管理

理想的暗室应有控温设备，有保持黑暗前提下的通风装置。容积以储蜂量决定，每箱蜂 1 米 ^{3}，室内无噪声，蜂箱、人、车进出方便，暗室周围无污染，空气新鲜，交通方便。

用民房代替的暗室要求有前后窗，便于夜晚通风，窗户上挂麻袋布或黑布，能保持室内黑暗，地面干燥，最好是水泥地，未放过农药，无异味，地面水洗干净，铺上无尘沙子或禾草，蜂群放入前洒些清水，增加湿度。墙上有电源插头，容积宜大，温度宜低，房子周围无污染。

入室方法

入室前进行蜂群检查，做好记录，同时绘出场地位置图，为放蜂做好准备。天黑后，把巢门关闭，掀去副盖上的草帘，把蜜蜂按群号、摆放顺序轻轻搬入暗室，巢门朝墙壁摆放，每排叠 3~4 层，暗室中间可背靠背分层叠置，巢门朝通道。高度也是 3~4 层。摆好待蜜蜂安静后，打开巢门和气窗。

入室时间可迟可早，但大体可分两种类型：第一种是渐减阶段入室，群内有子脾，蜂王仍在产卵，利用暗室断子，再进入越冬阶段，

（1）渐减阶段入室的管理　入室后，全开巢门，在巢门板上放海绵
条或脱脂棉，洒上清水，以后每天洒水 2~4 次，直到子脾出完为止。白天
气温升到 14℃ 以上时，用凉水洒湿蜂箱，打开电风扇送风，促进水分挥发
和空气流通，以降低室温。初入室时，外勤蜂条件反射尚未消失，常有蜜
蜂冲出巢门，趴在地上，或飞向漏光处，可让其飞出室外。在室外放一个
弱群，收容飞出蜜蜂。每天夜晚把窗户的遮布掀掉，房门大开，让空气流
通，天明前再把窗户遮好。夜晚或白天检查蜂群和鼠害，可用包红布的手
电筒照明。渐减阶段进室的蜂群，子脾需要哺育，新蜂也要试飞，入室后
2~3 天，就应搬到场地，放到原位，让蜂爽飞一个下午，夜晚再搬回室内。
第一次放蜂后的 4~5 天，进行第二次放蜂，方法同第一次，第二次放蜂后
10~15 天第三次放蜂，新蜂出完后，经过试飞，可半个月放一次或不再放蜂。
放蜂日期以气温在蜜蜂安全临界温度以上的阴天有细雨时最好。下午搬出，
当晚搬回，减少蜜蜂采集飞行，以利蜂群保持安静。治蜂螨和补加蜜脾时，
可放蜂 2 天。气温低时放蜂，可选择寒潮到来前一天下午进行。

（2）越冬阶段入室的管理　这时入室，气温较低，巢内没有子脾，
巢温随气温波动，蜂群已经过越冬前准备期的整理，一般不要什么管理，
越冬情况良好，不必放蜂，到冬至前后可缩小巢门，关闭气窗，弱群副盖

上也可盖上盖布。蜂王关在王栅笼里的，要检查一次，根据蜂球移动情况移动一下王笼，使王笼处在蜂团正中以防蜂王冻死。

2. 北方室内越冬管理

北方室内越冬是指东北和华北、西北北部及少数高寒地区的蜂群室内越冬。北方室内越冬的蜂群从入室开始，到翌年早春排泄为止，是蜂群的越冬期。在整个越冬期，蜂群结成冬团处于半蛰居状态，其管理方法与春、夏、秋季截然不同，冬季蜂群没有飞翔排泄的机会，不能任意开箱检查，只能依靠越冬前形成的群势、饲料及其他条件，加以正常的箱外管理，促进蜂群安全越冬，具体的工作分述于后。

（1）蜂群入室

1）入室时间 蜂群入室的时间要根据当地的气候变化情况而定，当外界气温已经基本稳定，也就是白天中午最高气温下降到0℃以下，夜间最低气温下降到 –15℃以下时，选择一个较冷的天气将蜂群搬进越冬室，具体时间一般在11月上旬至下旬。蜂群入室还要根据群势和越冬室的情况灵活掌握，弱群在外界气温较低的情况下可提前入室；强群对外界气候适当性较强，可略晚些时间入室；隔热性能较强的越冬室可提早入室，即使再有气温回升的天气，室温也不会有大幅度升高；隔热性较差的越冬室要等气温稳定时入室。蜂群入室过早，在室内易出现伤热，损害越冬蜂的体质；入室太晚，蜂群受冻，浪费饲料。因此，必须根据实际情况适时入室。

2）蜂群要求 室内越冬的蜂群，蜂箱内一般不加保温物，蜂箱上口直接盖上纱盖，纱盖上面撤去临时保温用的报纸，盖以无蜂胶的覆布或草纸，并把靠近蜂团后部一角的覆布折起8~10厘米，作为出气孔。无纱盖的蜂群要在巢脾上梁上横放几棍木条，垫起覆布，使蜂巢上部有一定空隙，便于巢内上部脾间空气流通；同时，还要打开蜂箱大盖上的气窗，以利上部空气的对流。

3）蜂箱的搬运和排放　搬运蜂箱要保持箱体平衡，轻搬轻放，力求巢脾在箱内不串动位置，不互相挤碰，蜂团不受震动，保持安静状态。搬入越冬室的蜂群要根据越冬室的规格排列成 2~4 行。放 2 行蜂箱时，蜂箱摆放在靠两侧墙壁的放置架上，两行蜂箱巢门相对，中间留出宽敞的通道。放 4 行蜂箱时，靠两侧墙壁各放一行蜂箱，在中间的位置上背靠背放置两行蜂箱，巢门分别朝对面靠墙壁那排蜂箱，形成两条通道。蜂箱放置架距离地面 40~50 厘米，强群放在下层，弱群放于中上层，以适应上高下低的越冬室气温。搬入室内的蜂群安置好之后，让蜂群略安静片刻，即可敞开巢门降低巢温。蜂群入室当天要打开进、出气孔通风降温，待蜂群安定以后再恢复正常的室温。

（2）室内巡视　入室之初要勤查看，当室温变化幅度不太大时，10 天左右入室巡查一次。在越冬后期蜂群容易发生问题，室温也易上升，要每天或 2~3 天入室一次。进入越冬室后要静立室内，察看室内有否透光，并注意倾听蜂群发出的声音。微微的嗡嗡声表示越冬正常。在室内完全黑暗的情况下，有蜜蜂飞出蜂箱不是室温高，就是室内干燥，应查看温度和湿度。如有必要，可使用听诊器和一根橡皮管，从巢门口放入箱底，听到均匀的嗡嗡声，表示越冬正常；听到强烈的呼呼声，可能是室温高。在室温不超过指标时，听到个别蜂群声音大，可能是通风不良所致。个别蜂群发出嘶叫声，是室温低，或箱壁孔隙太多，也可能是箱内有鼠。对于声音不正常，或认为有必要详细检查的蜂群，在"听诊"时可用手指轻弹箱前壁，当蜂群立刻嗡的一声，马上又平静下来，表示正常；如果长时间（9分）的喧闹，就是越冬不正常，可能是失王、有鼠或通风不良等；如果在弹箱壁后无明显的反应，从橡皮管内听到声音也是极为微弱，说明蜂群不是严重削弱就是饥饿，要立即补救。

在以声音判断蜂群情况时，必须注意强弱群之间的差别。强群声音大，弱群声音小。另外在蜂团前部和底部的声音大，在后部和上部的声音小。在越冬的前两个月，一般不必掏出箱底死蜂。在两个月以后，死蜂逐渐增多，要每月掏蜂一次。动作要轻，防止震动蜂群。观察掏出的蜂尸，能帮助判断越冬情况。没有头部的蜂尸，是老鼠造成的。死蜂霉烂成块是潮湿所致。吻整个露在外面，可能是饥饿造成。腹部膨大，全身黑亮发光，粪便稀而奇臭，是痢疾病的症状。箱底死蜂中混有大量结晶糖粒，则是蜂蜜结晶。若发现箱底某一侧死蜂特别多，很可能是这一侧巢脾蜂蜜已吃光，饿死部分蜜蜂。上述情况要根据具体条件妥善处理，否则会影响越冬效果。

（3）温度控制 地窖或不太干燥的越冬室的室温控制在0~2℃。短时间的高温，也不应超过6℃。室温太高蜂群会过度活跃，食量增加，粪便增多，长期下去就会使饲料提前耗尽，蜂群腹泻。在比较干燥的越冬室内或越冬群势较强，室温可控制在 –2~0℃，最低不超过 –5℃。

（4）湿度控制 越冬室的相对湿度应保持在75%~80%。过度潮湿，未封盖的蜜脾会吸水变质。蜜蜂取食了变质蜂蜜，易发生痢疾病。预防越冬室潮湿，主要应在蜂群未入室前来做。到了越冬期，排除室内湿气只能用增大通风来解决。

越冬室干燥过度，对蜜蜂同样有害，干燥的空气能吸收蜂蜜中的自然含水量，促进蜂蜜结晶，并且蜜蜂会感到口渴，渴到一定程度的蜜蜂就会大量吃蜜来解渴，蜂群易因此而腹泻。防止干燥的方法是，在室内悬挂浸湿的海绵或向地上洒水。对于严重干燥的蜂群应从巢门给蜂群喂水。

（5）消灭鼠害　田鼠、家鼠钻进蜂箱，多半是在入室之前，尤其箱门活的蜂箱更容易钻入，因此在秋季蜂群活动减少时，要把箱门钉牢固。越冬期间若发现箱内有鼠，要立即开箱捕捉。越冬室的老鼠，会使越冬蜂不得安宁，可运用器械和药物捕杀相结合的办法消灭。

（6）特殊蜂群的冬季检查　在整个越冬期一般不需要开箱检查。遇有特殊情况，如饥饿、痢疾，则需要开箱查明。

初养蜂者，由于缺少经验，对自己给蜂群安排的生活条件，还没有把握时，也可在越冬后期全面检查一次。其叠三层的做法是：把第一组上两层和第二组最上层蜂箱搬到一个角落里。这样，依次检查时，底层的蜂箱就不用搬了。第二层的箱检查后，依然放在第二层，依次移放第三层。这样可防止强弱群倒置。检查时动作要稳、要轻，迅速取下大盖、副盖后，左手掀起覆布，右手用电筒照亮巢框，从巢框上方可以看到蜂团集结情况。

如果蜂团处在前部或中部，看到巢脾后端封盖蜜很多，蜂团没有问题。蜂团已经进入后部，看不到封盖蜜，可用手轻提巢脾，从重量上推测有无存蜜。检查完后迅速盖好箱盖，搬到原放地点，再检查别群。把检查中发现需要补救的蜂群，放在一边做最后处理。

痢疾群的处理

发现腹泻的蜂群，还不能外界排泄时，就必须进行室内排泄。把蜂群先搬入 17℃ 左右的室内，关住箱门放 3~4 小时，使它先暖一暖，然后按次序搬进一间明亮的室内，摆在窗前，使箱门踏板搭在窗台上，放蜜蜂出来飞翔。这时检查蜂群，清除蜂箱中的蜂尸和霉迹，拿出沾污的巢脾。如果是甘露蜜引起下痢，就要拣出含甘露蜜的蜜脾，换上好蜜脾。排泄完后将窗帘拉拢，只允许箱门处有光亮，促使蜜蜂集中到蜂箱里去，全部进箱后，把箱门关闭，抬到外间，等安静后再抬回越冬室。室内排泄只是一种挽救措施，决不能挽救蜂群的全部损失，因此必须从预防冬季蜂群腹泻着手，而不要立足冬季治疗。

（7）出室 在 3 月中下旬，选择晴暖无风的好天气，把蜜蜂抬出越冬室，进行早春排泄和陈列。蜂群整理后加入人工花粉脾，再放出囚王，从蜂王产卵起，蜂群就进入繁殖期的复壮阶段。

六、蜂群管理机械化

上述蜂群管理是我国目前正在普遍采用的方法，可谓是细致入微、精益求精。这些饲养管理方法为我国蜂业发展做出巨大贡献，也形成了中国特色的蜜蜂饲养管理模式。随着我国蜂业快速发展，尤其近 10 多年来，饲养规模逐渐增加，以养蜂为生的蜂农蜂群数量快速增加，最少的也有100 群，200~400 群已很普遍，多的 1 000~2 000 群，最大规模的已超过 1 万群，因此过于精细的管理已经不能满足规模化发展的需求。例如，一个饲养 2 000 群的蜂场，采用人工开蜂箱倒糖水饲喂大约 1 周才能饲喂一遍。为提高饲养管理效率，如今在我国一些较大规模的蜂场和国外大规模蜂场采用电动或发动机驱动的泵饲喂糖水（图 8-3）。

图 8-3　电动或发动机动力糖浆饲喂泵（李建科　摄）

在蜜蜂饲养方式方面，我国一直采用蜂箱单排摆放，蜂箱装卸基本依靠人工搬运。而在发达国家蜂箱 4 个一组背靠背摆放在一个离地约 20 厘米的托盘上（图 8-4），由于蜂群常年不开箱检查，不同箱体之间的蜂胶把蜂箱连接得十分坚固（图 8-5），因此不需要继箱连接器固定蜂箱就可以直接用叉车装卸。

图 8-4　四个一组背靠背放在托盘上的蜂箱

图 8-5　蜂箱之间的蜂胶与用叉车装卸蜂箱（李建科　摄）

在巢脾使用上发达国家利用塑料巢脾（图 8-6）的越来越多了，这是因为塑料巢脾尺寸标准便于进行标准化操作。同时欧美国家与我国养蜂的最大差别之一就是我们采用逐渐加脾来繁殖蜂群和生产蜂蜜，而他们无论在什么情况下都一次性给蜂箱加满巢脾让蜜蜂自行繁殖或把蜂蜜储存满为止。

图 8-6　美国使用的塑料巢脾（黄志勇　摄）

国外一些大型蜂场有些已经实现了计算机系统管理蜂群，在蜂王胸部贴上感应芯片，在蜂箱门口装上检测器，通过信号传导到计算机，在室内就能知道蜂群的蜂王是否健在，以免去打开蜂箱漫无目的检查蜂王。有些蜂场也实现了类似成熟自来水系统的蜂群自动饲喂系统，免去人工开箱饲喂的麻烦并降低劳动强度。

■ 主要参考文献

[1] 刘朋飞，吴杰，李海燕，等 . 中国农业蜜蜂授粉的经济价值评估 [J]. 中国农业科学，2011，44(24):5117-5123.

[2] 郑玉莉，刘意秋，周丹银，等 . 一种适用于蜜蜂转地饲养的电动摇蜜机及其配套多功能电气控制装置的实验研究 [J]. 蜜蜂杂志，2013（1）3-5.

[3] 汪灯，和绍禹，李建科，等 . 三种不同结构形式摇蜜机的工作原理 [J]. 中国蜂业，2013，64（Z4）：42-45.

[4] 汪灯，和绍禹，李建科，等 . 扇形斜卧式电动摇蜜机试验研究 [J]. 中国蜂业，2014，65（Z2）：40-44.

[5] 何小飞，和绍禹，李建科，等 . 浅析微电脑控制的电动摇蜜机 [J]. 蜜蜂杂志，2014（9）：5-6.

[6] 曹静，和绍禹，郑玉莉，等 . 适用蜜蜂转地饲养的多功能电气控制装置可靠性实验 [J]. 蜜蜂杂志，2014，34（10）：3-5.

[7] 李建科，陈盛禄，钟伯雄，等 . 西方蜜蜂产浆量的动态遗传研究 [J]. 遗传学报，2003，（6）：547-554.

[8]GALLAI N, Salles J M, SETTELE J, VAISSIE RE B E. Economic valuation of the vulnerability of world agriculture confronted with pollinator decline[J]. Ecological Economics, 2009, 68: 810-821.

[9]KAMAKURA M, FUKUDA T, FUKUSHIMA M, et al. Storage-dependent degradation of 57kDa protein in royal jelly: a possible marker for freshness[J]. Bioscience Biotechnology and Biochemistry, 2001, 65（2）: 277-284.

[10]JIANKE L, MAO F, BEGNA D, et al. Proteome Comparison of Hypopharyngeal Gland Development between Italian and Royal Jelly-Producing Worker Honeybees(Apis mellifera L.) [J]. Journal of Proteome Research, 2010, 9 (12): 6578-6594.

[11]LI J K, FENGM, BEGNA D, et al. Proteome Comparison of Hypopharyngeal Gland Development between Italian and Royal Jelly-Producing

Worker Honeybees (Apis mellifera L.) [J]. Journal of Proteome Research, 2010, 9
(12): 6578-6594.

[12]HAN B, FANG Y, FENG M, et al. Quantitative Neuropeptidome Analysis Reveals Neuropeptides Are Correlated with Social Behavior Regulation of the Honeybee Workers[J]. Journal of Proteome Research， 2015, 14 (10): 4382-4393.